建筑防水100问

四川省建设科技发展中心
四川省建筑标准设计办公室　　主编
四川省建筑防水协会

西南交通大学出版社
·成　都·

图书在版编目（CIP）数据

建筑防水 100 问 / 四川省建设科技发展中心，四川省建筑标准设计办公室，四川省建筑防水协会主编. —成都：西南交通大学出版社，2019.7（2020.4 重印）
ISBN 978-7-5643-6999-6

Ⅰ. ①建… Ⅱ. ①四… ②四… ③四… Ⅲ. ①建筑防水－问题解答 Ⅳ. ①TU57-44

中国版本图书馆 CIP 数据核字（2019）第 156180 号

Jianzhu Fangshui 100 Wen

建筑防水 100 问

四川省建设科技发展中心
四川省建筑标准设计办公室　　主编
四川省建筑防水协会

责任编辑　姜锡伟
封面设计　阎冰洁
插图设计　欧亚传媒

出版发行　西南交通大学出版社
（四川省成都市金牛区二环路北一段 111 号
西南交通大学创新大厦 21 楼）
发行部电话　028-87600564　028-87600533
邮政编码　610031
网址　http://www.xnjdcbs.com
印刷　四川煤田地质制图印刷厂

成品尺寸　146 mm × 208 mm
印张　2.625
字数　71 千
版次　2019 年 7 月第 1 版
印次　2020 年 4 月第 2 次
书号　ISBN 978-7-5643-6999-6
定价　28.00 元

本书编委会

主 编 单 位： 四川省建设科技发展中心
四川省建筑标准设计办公室
四川省建筑防水协会

参 编 单 位： 四川天强防水保温材料有限责任公司
四川三星防水工程有限公司
四川鑫桂湖防水保温节能科技有限公司
四川金兴防水工程有限责任公司
四川蜀羊防水材料有限公司
四川东方雨虹防水工程有限公司
四川新三亚建材科技股份有限公司
四川杨氏达防水材料有限公司
四川禹王防水建材有限公司
四川省飞翎防水工程有限公司

主要起草人员： 游 炯 王 强 李 岩 张 帆 骆晓彬
江 晓 郭大凯 陈丽婷 孙军忠 贾创江
刘 聪 寇晓军 杨小林 柳志国 彭 伟
代家慧 金晓西

主要审查人员： 刘小舟 毛海勇 兰代生 高庆龙 赵华堂
黄 滔 沈晓阳 郭 杰

前言

从传统的沥青防水油膏到新型改性沥青防水卷材，建筑防水材料不下百种；从各防水材料产品标准到工程技术标准、规范、图集等，涉及建筑防水的标准也不下百本。从浩瀚的标准文本资料之中，选择适合指导具体项目使用的内容，并达到建筑物无渗漏的工程目标，确非易事。

本手册在四川省住房和城乡建设厅相关部门的领导和直接参与下，由四川省建筑防水协会汇集建筑防水行业的业内精英，凭借他们几十年从事该行业的经验和体会，以科普问答的形式编写，全书从建筑防水工程的设计、选材、施工、质检、验收到后期维修各方面，完整系统又深入浅出地展示了建筑防水工程的基本概况。如果本手册能对大家涉足建筑防水领域起到一定的启示作用，那将是编制组最大的欣慰！

《建筑防水100问》编制组

2019年3月29日

目 录

一、建筑防水行业相关政策、标准及规定与设计

二、建筑防水材料

目 录

四、建筑渗漏与维修

一、建筑防水行业相关政策、标准及规定与设计

◆1. 国家规定的建筑防水工程的保修期是多少年？

答：《中华人民共和国建设工程质量管理条例》（国务院令第 279 号）第四十条规定："在正常使用条件下，建设工程的最低保修期限为：

"（一）基础设施工程、房屋建筑的地基基础工程和主体结构工程，为设计文件规定的该工程的合理使用年限；

"（二）屋面防水工程、有防水要求的卫生间、房间和外墙面的防渗漏，为 5 年；

"（三）供热与供冷系统，为 2 个采暖期、供冷期；

"（四）电气管线、给排水管道、设备安装和装修工程，为 2 年。

"其他项目的保修期限由发包方与承包方约定。

建设工程的保修期，自竣工验收合格之日起计算。"

建筑防水工程国家规定的保修期见图 1。

图 1　建筑防水工程国家规定的保修期

◆2. 屋面防水工程中，防水等级和设防有什么要求？

答：屋面防水工程应根据建筑物的类别、重要程度、使用功能要求来确定防水等级，并应按相应等级进行防水设防；对防水有特殊要求的建筑屋面，应进行专项防水设计。屋面防水等级和设防要求应符合表 1 的规定。

表 1　屋面防水等级和设防要求

防水等级	建筑类别	设防要求
Ⅰ级	重要建筑和高层建筑	两道防水设防
Ⅱ级	一般建筑	一道防水设防

（摘自《屋面工程技术规范》GB 50345-2012）

◆3.《屋面工程技术规范》GB 50345-2012版本与 GB 50345-2004版本中屋面防水等级和设防要求的差别是什么？

答：《屋面工程技术规范》GB 50345-2004（已作废）中，屋面防水等级和设防要求应符合表 2 的规定。

表 2　屋面防水等级和设防要求

防水等级	防水层合理使用年限	建筑物类型	设防要求
Ⅰ级	25年	特别重要或对防水有特殊要求的建筑	三道或三道以上防水设防
Ⅱ级	15年	重要的建筑和高层建筑	两道防水设防
Ⅲ级	10年	一般的建筑	一道防水设防
Ⅳ级	5年	非永久性的建筑	一道防水设防

通过表 1 和表 2 的对比我们可以看出，新版《屋面工程技术规范》GB 50345-2012 对旧版《屋面工程技术规范》GB 50345-2004 屋面防水等级和设防要求作了较大的修订。旧版规范将屋面防水等级分为 4 级，Ⅰ级为特别重要或者是对防水有特殊要求的建筑物，由于这类建筑极少采用，**本次修订作了“对防水有特殊要求的建筑屋面，应进行专项防水设计”的规定；**旧版规范Ⅳ级为非永久性建筑，由于这类建筑防水要求很低，**本次修订给予删除。**故本条根据建筑物的类别、重要程度、使用功能要求，将屋面防水等级分为Ⅰ级和Ⅱ级，设防要求分别为两道防水设防和一道防水设防。正在修订的《地

下工程防水技术规范》GB 50108-2008标准也有类似情况，**该规范Ⅳ级防水等级对渗漏水要求很低，这次修订可能给予删除。**

新版《屋面工程技术规范》GB 50345-2012征求意见稿和送审稿中，都曾明确将屋面防水等级分为Ⅰ级和Ⅱ级，防水层的合理使用年限分别定为20年和10年，设防要求分别为两道防水设防和一道防水设防。由于对防水层的合理使用年限的确定，目前尚缺乏相关的实验数据，根据审查专家建议，在新版《屋面工程技术规范》GB 50345-2012中，**取消对防水层合理使用年限的规定。**

（部分摘自《屋面工程技术规范》GB 50345-2012条文说明）

◆4. 国家标准对各防水层的厚度有什么规定?

答：防水材料的使用年限除材料本身的品质外，主要取决于防水层的厚度。因为材料的老化是一个由表及里的过程，材料越厚，耐老化的时间就越长。因此，各标准对防水层的厚度都有明确而严格的规定。具体各项规定见表3～表9：

表3 屋面防水每道卷材防水层最小厚度（mm）

防水等级	合成高分子防水卷材	高聚物改性沥青防水卷材		
		聚酯胎、玻纤胎、聚乙烯胎	自粘聚酯胎	自粘无胎
Ⅰ级	1.2	3.0	2.0	1.5
Ⅱ级	1.5	4.0	3.0	2.0

（摘自《屋面工程技术规范》GB 50345-2012）

表4 屋面防水每道涂膜防水层最小厚度（mm）

防水等级	合成高分子防水涂膜	聚合物水泥防水涂膜	高聚物改性沥青防水涂膜
Ⅰ级	1.5	1.5	2.0
Ⅱ级	2.0	2.0	3.0

（摘自《屋面工程技术规范》GB 50345-2012）

表 5　屋面复合防水层最小厚度（mm）

防水等级	合成高分子防水卷材+合成高分子防水涂膜	自粘聚合物改性沥青防水卷材（无胎）+合成高分子防水涂膜	高聚物改性沥青防水卷材+高聚物改性沥青防水涂膜	聚乙烯丙纶卷材+聚合物水泥防水胶结材料
Ⅰ级	1.2+1.5	1.5+1.5	3.0+2.0	（0.7+1.3）×2
Ⅱ级	1.0+1.0	1.2+1.0	3.0+1.2	0.7+1.3

（摘自《屋面工程技术规范》GB 50345-2012）

表 6　地下工程防水不同品种卷材的厚度（mm）

<table>
<tr><td rowspan="3">卷材品种</td><td colspan="3">高聚物改性沥青防水卷材</td><td colspan="4">合成高分子防水卷材</td></tr>
<tr><td rowspan="2">弹性体改性沥青防水卷材、改性沥青聚乙烯胎防水卷材</td><td colspan="2">自粘聚合物改性沥青防水卷材</td><td rowspan="2">三元乙丙橡胶防水卷材</td><td rowspan="2">聚氯乙烯防水卷材</td><td rowspan="2">聚乙烯丙纶复合防水卷材</td><td rowspan="2">高分子自粘胶膜防水卷材</td></tr>
<tr><td>聚酯毡胎体</td><td>无胎体</td></tr>
<tr><td>单层厚度</td><td>≥4</td><td>≥3</td><td>≥1.5</td><td>≥1.5</td><td>≥1.5</td><td>卷材≥0.9；
粘结料≥1.3；
芯材厚度≥0.6</td><td>≥1.2</td></tr>
<tr><td>双层总厚度</td><td>≥（4+3）</td><td>≥（3+3）</td><td>≥(1.5+1.5)</td><td>≥(1.2+1.2)</td><td>≥(1.2+1.2)</td><td>卷材≥(0.7+0.7)；
粘结料≥(1.3+1.3)；
芯材厚度≥0.5</td><td>—</td></tr>
</table>

（摘自《地下工程防水技术规范》GB 50108-2008）

表 7　地下工程防水涂料及防水混凝土结构的最小用量和最小厚度（mm）

材料名称	用量	厚度
掺外加剂、掺合料的水泥基防水涂料	—	3.0
水泥基渗透结晶型防水涂料	1.5 kg/m²	1.0
有机防水涂料	—	1.2
防水混凝土结构	—	250

（摘自《地下工程防水技术规范》GB 50108-2008）

表 8　金属板屋面防水等级和防水做法规定

防水等级	防水做法
Ⅰ级	压型金属板+防水垫层
Ⅱ级	压型金属板、金属面绝热夹芯板

注：(1) 当防水等级为Ⅰ级时，压型铝合金板基板厚度不应小于 0.9 mm，压型钢板基板厚度不应小于 0.6 mm。

(2) 当防水等级为Ⅰ级时，压型金属板应采用 360° 咬口锁边连接方式。

(3) 在Ⅰ级屋面防水做法中，仅作压型金属板时，应符合《压型金属板工程应用技术规范》GB 50896-2013 等相关规定。

（摘自《屋面工程技术规范》GB 50345-2012）

表 9　单层防水卷材屋面单层防水卷材的最小厚度（mm）

防水卷材名称	Ⅰ级	Ⅱ级
高分子防水卷材	1.5	1.2
弹性体改性沥青防水卷材 塑性体改性沥青防水卷材	5.0	4.0

（摘自《单层防水卷材屋面工程技术规程》JGJ/T 316-2013）

◆5. 什么是倒置式屋面？

答：一般的屋面防水层，都设置在保温层、找坡层、找平层等之上，而将保温层设置在防水层之上的屋面就称为**倒置式屋面**。倒置式屋面应保持屋面排水畅通，屋面坡度不宜小于 3%。

倒置式屋面基本构造宜由结构层、找坡层、找平层、防水层、保温层及保护层组成。

倒置式屋面防水层完成后，平屋面应进行 24 h 蓄水试验，坡屋面应进行持续 2h 淋水检验，并应在检验合格后再进行保温层施工。

倒置式屋面的保温层应选用表观密度小、压缩强度大、导热系数小、吸水率低的保温材料，不得使用松散保温材料。

倒置式屋面保护层可选用卵石、混凝土板块、地砖、瓦材、水泥砂浆、细石混凝土、金属板材、人造草皮、种植植物等材料。当采用卵石保护层时，其粒径宜为 40 mm ～ 80 mm；当采用种植植物作保护层时，应符合现行行业标准《种植屋面工程技术规程》JGJ 155 的规定；当采用水泥砂浆保护层时，应设表面分格缝，分格面积宜为 $1m^2$；当采用板块材料、细石混凝土作保护层时，应设分格缝，板块材料分格面积不宜大于 $100\ m^2$，细石混凝土分格面积不宜大于 $36\ m^2$；分格缝宽度不宜小于 20 mm，分格缝应用密封材料嵌填。

（摘自《倒置式屋面工程技术规程》JGJ 230-2010）

◆6. 什么是种植屋面?

答：种植屋面是铺以种植土或设置容器种植植物的**建筑屋面**或**地下建筑顶板。**

种植屋面不宜设计为倒置式屋面。

种植屋面的结构层宜采用现浇钢筋混凝土。耐根穿刺防水层上应设置保护层。简单式种植屋面和容器种植宜采用体积比为1∶3、厚度为15mm～20mm的水泥砂浆作保护层；花园式种植屋面宜采用厚度不小于40mm的细石混凝土作保护层；地下建筑顶板种植应采用厚度不小于70mm的细石混凝土作保护层。

伸出屋面的管道和预埋件等应在防水工程施工前安装完成。后装的设备基座下应增加一道防水增强层，施工时应避免破坏防水层和保护层。

（摘自《种植屋面工程技术规程》JGJ 155-2013）

◆7. 种植屋面对防水层的设防要求是什么?

答：根据《种植屋面工程技术规程》JGJ 155-2013的规定，种植屋面防水层应满足一级防水等级设防要求，且必须至少设置一道具有耐根穿刺性能的防水材料。种植屋面防水层应采用不少于两道防水设防，上道应为耐根穿刺防水材料，下道为普通防水层防水设防；两道防水层应相邻铺设且防水层的材料应相容。种植屋面普通防水层一道防水设防的最小厚度见表10。

表10　种植屋面普通防水层一道防水设防的最小厚度（mm）

材料名称	最小厚度
改性沥青防水卷材	4.0
高分子防水卷材	1.5
自粘聚合物改性沥青防水卷材	3.0
高分子防水涂料	2.0
喷涂聚脲防水涂料	2.0

种植屋面防水层的泛水高度高出种植土不应小于 250 mm；地下建筑顶板防水层的泛水高度高出种植土不应小于 500 mm。

（摘自《种植屋面工程技术规程》JGJ 155-2013）

◆8. 防水层与防水垫层的含义区别是什么？

答：什么是防水层、什么是防水垫层，在设计中很少有人注意到二者的差别。防水层：能够隔绝水而不使水向建筑物内部渗透的构造层。防水垫层：坡屋面中通常铺设在瓦材或金属板下面的防水材料，起防水、防潮作用的构造层。

在屋面设计中，《屋面工程技术规范》GB 50345-2012 关于瓦屋面防水等级的规定为：Ⅰ级为瓦 + 防水层，Ⅱ级为瓦 + 防水垫层。仅靠瓦屋面，防水效果欠佳，此规定使瓦屋面能在一般建筑和重要建筑的屋面工程中使用。防水层是符合《屋面工程技术规范》GB 50345-2012 第 4.5.5 或 4.5.6 条Ⅱ级防水层厚度要求的防水卷材或防水涂膜。防水垫层是满足该规范第 4.8.6 条防水卷材或防水涂膜厚度要求，但其厚度小于防水层。

防水层与防水垫层的最大区别之一是厚度。

◆9. 厨卫间防水设计主要有什么规定？

答:《住宅室内防水工程技术规范》JGJ 298-2013 规定: 卫生间、浴室的楼、地面应设置防水层，墙面、顶棚应设置防潮层。厨房楼地面应设置防水层，墙面置设防潮层；厨房布置在无用水房间下层时，顶棚应设防潮层。卫生间、浴室的门口应有阻止积水外溢的措施，并且厨卫间的墙面设计还应符合下列规定：

(1) 卫生间、浴室和设有配水点的封闭阳台等墙面应设置防水层; 防水层高度宜距楼、地面面层 1.2 m。

(2) 当卫生间有非封闭式洗浴设施时，花洒所在及其邻近墙面防水层高度不应小于 1.8 m。建议补充防水高度至顶棚位置（西南标有明确规定）且最好至板底，防止水蒸气渗漏给相邻房间带来影响。

(3) 楼地面的防水层在门口处应水平延展，且向外延展的长度不应小于 500mm，向两侧延展的宽度不应小于 200mm。

(4) 住宅室内采用防水涂料时，涂膜防水层厚度应符合表 11 的规定。

表 11　住宅室内采用防水涂料的涂膜防水层厚度（mm）

防水涂料	水平面	垂直面
聚合物水泥防水涂料	≥1.5	≥1.2
聚合物乳液防水涂料	≥1.5	≥1.2
聚氨酯防水涂料	≥1.5	≥1.2
水乳型沥青防水涂料	≥2.0	≥1.5

《住宅室内防水工程技术规范》JGJ 298-2013 还规定，住宅室内防水工程不得使用溶剂型防水涂料。目前市面上有一种产品为溶剂型橡胶沥青防水涂料，固含量只有 50%，会挥发对人体有害物质。

厨卫间防水设计规定见图 2。

图 2 厨卫间防水设计规定

◆10. 国家及行业标准对建筑外墙的防水有什么规定？

答：根据《建筑外墙防水工程技术规程》JGJ/T 235-2011 的规定，在正常使用合理维护条件下，有下列情况之一的建筑外墙，宜进行墙面整体防水：

(1) 年降水量大于等于 800 mm 地区的高层建筑外墙。

(2) 年降水量大于等于 600 mm 且基本风压大于等于 0.50kN/ ㎡ 地区的外墙。

(3) 年降水量大于等于 400 mm 且基本风压大于等于 0.40 kN/ ㎡ 地区有外保温的外墙。

(4) 年降水量大于等于 500 mm 且基本风压大于等于 0.35 kN/ ㎡ 地区有外保温的外墙。

(5) 年降水量大于等于 600 mm 且基本风压大于等于 0.30 kN/ ㎡ 地区有外保温的外墙。

除上述规定的建筑外，年降水量大于等于 400 mm 地区的建筑外墙必须采用节点构造防水措施，包括门窗框、雨篷、阳台、变形缝、穿过外墙的管道、女儿墙压顶、外墙预埋件四周。

◆11. 地下防水工程中，建筑物的防水等级是怎样划分的？

答：地下工程应进行防水设计，并应做到定级准确、方案可靠、施工简便、耐久适用、经济合理。地下工程防水方案应根据工程规划、结构设计、材料选择、结构耐久性和施工工艺等确定。

根据《地下工程防水技术规范》GB 50108-2008，建筑物的地下工程防水等级分为 4 个等级，见表 12：

表 12 地下工程的防水标准及适用范围

防水等级	防水标准	适用范围
一级	不允许渗水，结构表面无湿渍	人员长期停留的场所；因有少量湿渍会使物品变质、失效的贮物场所及严重影响设备正常运转和危及工程安全运营的部位；极重要的战备工程、地铁车站

续表

防水等级	防水标准	适用范围
二级	不允许漏水，结构表面可有少量湿渍； 工业与民用建筑：湿渍总面积不大于总防水面积（包括顶板、墙面、地面）的0.1％，单个湿渍面积不大于0.1 m²，任意100 m²防水面积不超过2处； 其他地下工程：湿渍总面积不大于防水面积的0.2％，单个湿渍面积不大于0.2 m²，任意100 m²防水面积不超过3处；其中，隧道工程还要求平均渗水量不大于0.05L/(m²·d)，任意100 m²防水面积上的渗水量不大于0.15L/(m²·d)	人员经常活动的场所；在有少量湿渍的情况下会使物品变质、失效的贮物场所及基本不影响设备正常运转和工程安全运营的部位；重要的战备工程
三级	有少量漏水点，不得有线流和漏泥砂； 单个湿渍面积不大于0.3 m²，单个漏水点的漏水量不大于2.5L/d，任意100 m²防水面积上的漏水或湿渍点数不超过7处	人员临时活动的场所；一般战备工程
四级	有漏水点，不得有线流和漏泥砂；整个工程平均漏水量不大于2L/(m²·d)，任意100 m²防水面积上的平均漏水量不大于4L/(m²·d)	对渗漏水无严格要求的工程

（摘自《地下工程防水技术规范》GB 50108-2008）

◆12. 地下防水工程中，建筑物的防水设防有什么要求？

答：地下工程的防水设防要求，应根据使用功能、使用年限、水文地质、结构形式、环境条件、施工方法及材料性能等因素确定。

明挖法地下工程的防水设防要求应按表13选用；

暗挖法地下工程的防水设防要求应按表14选用。

表13　明挖法地下工程防水设防要求

<table>
<tr><td colspan="2">工程部位</td><td colspan="7">主体结构</td><td colspan="7">施工缝</td><td colspan="4">后浇带</td><td colspan="6">变形缝（诱导缝）</td></tr>
<tr><td colspan="2">防水措施</td><td>防水混凝土</td><td>防水卷材</td><td>防水涂料</td><td>塑料防水板</td><td>膨润土防水材料</td><td>防水砂浆</td><td>金属防水板</td><td>遇水膨胀止水条（胶）</td><td>外贴式止水带</td><td>中埋式止水带</td><td>外抹防水砂浆</td><td>外涂防水涂料</td><td>水泥基渗透结晶型防水涂料</td><td>预埋注浆管</td><td>补偿收缩混凝土</td><td>外贴式止水带</td><td>预埋注浆管</td><td>遇水膨胀止水条（胶）</td><td>中埋式止水带</td><td>外贴式止水带</td><td>可卸式止水带</td><td>防水密封材料</td><td>外贴防水卷材</td><td>外涂防水涂料</td></tr>
<tr><td rowspan="4">防水等级</td><td>一级</td><td>应选</td><td colspan="6">应选一至二种</td><td colspan="7">应选二种</td><td>应选</td><td colspan="3">应选二种</td><td>应选</td><td colspan="5">应选二种</td></tr>
<tr><td>二级</td><td>应选</td><td colspan="6">应选一种</td><td colspan="7">应选一至二种</td><td>应选</td><td colspan="3">应选一至二种</td><td>应选</td><td colspan="5">应选一至二种</td></tr>
<tr><td>三级</td><td>应选</td><td colspan="6">宜选一种</td><td colspan="7">宜选一至二种</td><td>应选</td><td colspan="3">宜选一至二种</td><td>应选</td><td colspan="5">宜选一至二种</td></tr>
<tr><td>四级</td><td>应选</td><td colspan="6">—</td><td colspan="7">宜选一种</td><td>应选</td><td colspan="3">宜选一种</td><td>应选</td><td colspan="5">宜选一种</td></tr>
</table>

（摘自《地下防水工程质量验收规范》GB 50208-2011）

表 14 暗挖法地下工程防水设防要求

<table>
<tr><th colspan="2">工程部位</th><th colspan="7">衬砌结构</th><th colspan="6">内衬砌施工缝</th><th colspan="4">内衬砌变形缝（诱导缝）</th></tr>
<tr><td colspan="2">防水措施</td><td>防水混凝土</td><td>塑料防水板</td><td>防水砂浆</td><td>防水涂料</td><td>膨胀土防水材料</td><td>防水卷材</td><td>金属板</td><td>外贴式止水带</td><td>预埋注浆管</td><td>遇水膨胀止水条（胶）</td><td>防水密封材料</td><td>中埋式止水带</td><td>水泥基渗透结晶型防水涂料</td><td>中埋式止水带</td><td>外贴式止水带</td><td>可卸式止水带</td><td>防水密封材料</td></tr>
<tr><td rowspan="4">防水等级</td><td>一级</td><td>必选</td><td colspan="6">应选一至二种</td><td colspan="6">应选一至二种</td><td>应选</td><td colspan="3">应选一至二种</td></tr>
<tr><td>二级</td><td>应选</td><td colspan="6">应选一种</td><td colspan="6">应选一种</td><td>应选</td><td colspan="3">应选一种</td></tr>
<tr><td>三级</td><td>宜选</td><td colspan="6">宜选一种</td><td colspan="6">宜选一种</td><td>应选</td><td colspan="3">宜选一种</td></tr>
<tr><td>四级</td><td>宜选</td><td colspan="6">宜选一种</td><td colspan="6">宜选一种</td><td>应选</td><td colspan="3">宜选一种</td></tr>
</table>

（摘自《地下防水工程质量验收规范》 GB 50208-2011）

◆13. 为什么建筑防水材料要开展绿色建材评价标识工作?

答：四川省的绿色建材评价，目前在以下 8 类建材产品中开展：混凝土及其制品、门窗幕墙、墙体屋面材料、管网材料、金属材料、保温系统材料、防水材料、装饰装修材料。

建筑防水材料推行绿色建材评价标识，是为了更好地贯彻国家节能、环保的产业政策。在绿色建材评价标识评定的过程中，评定人员将会对企业生产的建筑防水材料从原材料采购、产品生产、残次品的回收到施工应用等环节进行详细的审核。取得了绿色建材评价标识的防水材料产品，将从各个方面体现出节约能源、环境保护等优点。评价标识评定的过程中同时对产品的性能要求也作了适当的提高。

二、建筑防水材料

◆14. 什么是改性沥青？

答：沥青是一种古老的防水、防渗、防腐等性能优异的材料，但其性能也有不足之处，其最大的缺陷就是具有明显的“感温性”，也就是通常所说的“高温流淌、低温脆裂”。

为了更好地发挥沥青这种材料在现代建设如交通、建筑、化工等领域中的运用，世界各国均对其进行了深入的研究，目前最具可操作性的就是将适当的高分子材料掺入其中对其感温性进行改进，也就是通常所说的“改性沥青”。其原理是通过掺加橡胶、树脂、磨细的橡胶粉或其他填料等外掺剂（改性剂），或采取对沥青轻度氧化加工等措施，使沥青或沥青混合料的性能得以改善。

改性沥青的机理有 2 种：一是改变沥青化学组成，二是使改性剂均匀分布于沥青中形成一定的空间网络结构。

根据各国最新研究报道，对沥青进行改性的最佳方法应属化学法。

◆15. 什么是 SBS改性沥青防水卷材？

答：从 20 世纪 50 年代开始，我国建筑防水大多采用石油沥青纸胎油毡（简称油毛毡）进行防水，包括屋面和地下工程。

20 世纪 70 年代，欧美等经济发达国家开始用 SBS 改性沥青防水卷材取代油毛毡。SBS 改性沥青防水卷材是以苯乙烯－丁二烯－苯乙烯（Styrene-butadiene-styrene，取其英文第一个字母，简称 SBS）热塑性弹性体作改性剂的沥青做浸渍和涂盖材料，上表面覆以聚乙烯膜、细砂、矿物片（粒）料或铝箔、铜箔等隔离材料所制成的可以卷曲的片状防水卷材。

SBS 改性沥青防水卷材具有良好的耐高低温性能，可以在 -25 ℃到 +100 ℃的温度范围内使用，有较高的弹性和耐疲劳性，以及高达 1000 %的伸长率和较强的耐穿刺能力、耐撕裂能力，适合用于寒冷地区、夏热冬冷地区等以及变形和振动较大的工业与民用建筑的防水工程。

我国自 21 世纪初开始，已将 SBS 改性沥青防水卷材广泛应用于各工业和民用建筑的屋面、地下室、卫生间等防水工程以及屋顶花园、道路、桥梁、隧道、停车场、游泳池等工程的防水防潮中。

◆16. 为什么沥青起火时不能用水扑救？

答：沥青是一种易燃物质，熬制时由固体转化为液体，如同汽油、柴油、苯、酒精、动植物油、润滑油等易燃物质一样，一旦着火，火势凶猛，温度极高，而且很易蔓延。沥青起火时，如用水扑救，因水油不相容，泼入火中的水会把燃烧中的液态沥青击溅置四方，反而会扩散火头，所以沥青起火时用水扑救达不到灭火的效果。

扑救沥青火灾的方法，一般有隔离法、窒息法和冷却法 3 种。沥青熔锅着火时，主要采用窒息法来扑灭。最简便的方法是迅速盖紧锅盖，隔绝空气。也可以用泡沫灭火机灭火。使用泡沫灭火机时，不要将泡沫直接喷射到沥青溶液上，而要将它喷在沥青熔液锅的内壁，让它流下覆盖液面。二氧化碳灭火器具有吸热和窒息作用，也适合扑救沥青火灾，但露天使用时，二氧化碳气体容易被风吹散，起不到应有效果。砂土用来扑救流散在地面上的着火沥青最为适合，但不适宜扑救沥青熔锅起火，因为砂子比重大，能沉入油底，起不到窒息作用。沥青起火时，还应迅速将附近没有被燃烧的油罐、油桶隔开，或用水冷却，防止由于辐射热引起的燃烧或爆炸。

◆17. 为什么要强调控制防水混凝土的裂缝？

答: 对防水混凝土不能只追求抗渗等级，而不注意防止产生裂缝，因为抗渗等级虽高，裂缝严重照样渗水，而且地下水和有害气体通过裂缝浸入还会腐蚀钢筋，影响结构和整体性。

为减少及控制裂缝，应结合现场实际条件，分析判断可能造成裂缝的主要因素，采取相对应的加强措施减少及控制裂缝，以满足使用要求。

◆18. 为什么防水混凝土不宜使用矿渣水泥和特细砂?

答：矿渣硅酸盐水泥掺料中含有活性二氧化硅，可以提高混凝土的耐久性和抗硫酸盐侵蚀能力。但是，用矿渣水泥拌制的混凝土泌水性较大，水分从混凝土中析出时，留下孔道，因而降低了混凝土的抗渗性；此外，其混凝土的干缩也较大，故一般不宜采用矿渣水泥配制防水混凝土。必须使用时，应掺加外加剂或提高水泥的研磨细度，以消除或减轻泌水现象。

特细砂是指细度模数在0.7～1.5（《普通混凝土用砂、石质量及检验方法标准》JGJ 52-2006有明确规定）或平均粒径在0.25㎜以下的砂。利用这种砂在实验室配制的防水混凝土虽然能达到相当的抗渗等级，但实际施工的大体积防水混凝土衬砌往往出现严重的收缩裂缝，达不到防水目的。这是因为特细砂粒度小，当用量一定时颗粒多，比表面积大，空隙率大，用来配制混凝土时，水泥用量必然增多，用水量相应增大，因而混凝土硬化后收缩率也大。另外，由于水泥用量大，混凝土在水化过程中所产生的热量大，混凝土内部早期温度高，内外温差大。所以最好使用中、粗砂，一般不宜使用特细砂，必须使用时，应采取以下措施：

(1) 适当降低砂率，掺入一定量的中、粗砂。

(2) 掺入外加剂，减少水泥用量，减少水化热，降低水灰比。

(3) 加大养护湿度，延长养护时间。

(4) 适当提高钢筋混凝土结构的含钢率，缩小分布钢筋的间距。

◆19. 为什么防水混凝土要掺外加剂?

答：混凝土外加剂按其主要功能分为4类：其一，改善混凝土拌合物流变性能的外加剂（包括各种减水剂、引气剂和泵送剂等）；其二，调节混凝土凝结时间和硬化性能的外加剂（包括缓凝剂、早强剂和速凝剂等）；其三，改善混凝土耐久性的外加剂（包括引气剂、防水剂和阻锈剂等）；其四，改善混凝土其他性能的外加剂（包括加气剂、膨胀剂、着色剂、防水剂和泵送剂等）。

不掺外加剂，采用调整混凝土配合比的办法，在实验室固然可以配制出满足各种抗渗要求的防水混凝土，但在实际工程运用中，往往会碰到以下问题，需要掺外加剂来加以解决：

原材料不能满足防水混凝土的要求。如只有矿渣水泥或其他混合水泥，只有细砂、特细砂、机制砂等，这时配制防水混凝土就必须掺外加剂。

为降低水泥用量，减少水热化，避免或减少收缩裂缝，大体积防水混凝土中必须掺外加剂。

需防水的工程不仅要求抗渗性能好，而且还要求抗冻、耐蚀或早强，这时也必须掺外加剂。

采用混凝土搅拌站集中生产的商品混凝土，这种混凝土运到工地后用泵输送到地下工程作业面施工时，也必须掺外加剂。这是因为，泵送混凝土应该是高流动度的混凝土，其坍落度一般要求在10cm以上，才有利于输送。此时只有掺加混凝土减水剂才能达到要求。

即使没有这些情况，在普通防水混凝土中掺入外加剂也有好处。目前有的专家已提出，把外加剂作为混凝土原材料的第5个不可缺少的组成部分。在国外，有的国家也已这样做了，例如日本已有80%以上的混凝土采用了外加剂。总之，防水混凝土掺用外加剂，可起到降低水灰比、提高施工和易性、节约水泥和增强抗渗性能等好处，这也可以看作防水混凝土材料的一个发展方向，对地下工程使用的防水混凝土来说更是如此。

◆20. 为什么防水混凝土施工时不能随便乱掺外加剂？

答：防水混凝土外加剂中，有能促凝的，也有能缓凝的，还有能早强快硬的，施工时一定要按照设计和试验配合比，严格控制，不能随便乱掺，否则将造成浪费，甚至引起质量事故。如木钙减水剂是一种缓凝引气型减水剂，在防水混凝土中，掺入引气型减水剂，能引进空气，使混凝土具有一定含气量。试验表明，混凝土中有3%～5%的含气量是适宜的，不仅能使混凝土获得良好的抗渗性和抗冻性，而且强度也不会降低很多，它的掺加量按规定不能超过水泥用量的0.5%，适宜掺量是0.15%～0.3%；若含气量过大，则将引起气泡集聚，气泡的大小不一、间距不一，导致混凝土强度急剧下降，抗渗性能减弱，甚至完全丧失。因此一般规定防水混凝土含气量不能超过5%。当然，含气量过小（小于2%），也达不到提高抗渗性和抗冻性的预期效果。

对于高效能非引气型减水剂，如日本的MT-150，我国的FDN、UNF等，虽然多加不会造成质量事故，但也没有任何好处，只会造成浪费。

◆21. 国家标准对混凝土掺外加剂有哪些规定？

答：《混凝土外加剂应用技术规范》GB 50119-2013，对混凝土外加剂的选择和掺量限值作出了相应的规定，对于不同混凝土结构中禁止使用特定类型的外加剂，必须严格按照要求执行：

(1) 含有六价铬盐、亚硝酸盐和硫氰酸盐成分的混凝土外加剂，严禁用于饮用水工程中建成后与饮用水直接接触的混凝土。

(2) 含有强电解质无机盐的早强型普通减水剂、早强剂、防冻剂和防水剂，严禁用于下列混凝土结构：

a. 与镀锌钢材或铝铁相接触部位的混凝土结构；

b. 有外露钢筋预埋铁件而无防护措施的混凝土结构；

c. 使用直流电源的混凝土结构；

d. 距高压直流电源100m以内的混凝土结构。

(3) 含有氯盐的早强型普通减水剂、早强剂、防水剂和氯盐类防冻剂，严禁用于预应力混凝土、钢筋混凝土和钢纤维混凝土结构。

(4) 含有硝酸铵、碳酸铵的早强型普通减水剂、早强剂和含有硝酸铵、碳酸铵、尿素的防冻剂，严禁用于办公、居住等有人员活动的建筑工程。

(5) 含有亚硝酸盐、碳酸盐的早强型普通减水剂、早强剂、防冻剂和含亚硝酸盐的阻锈剂，严禁用于预应力混凝土结构。

◆22. 为什么减水剂能显著提高防水混凝土的强度和抗渗性能?

答：减水剂有 2 大类。

第一类是双电层高效能减水剂。它是一种阴离子表面活性剂，在水中可电离出阴离子，吸附于水泥颗粒表面。吸附阴离子的水泥颗粒又强烈吸引水中的阴离子，在其周围形成扩散双电层结构。扩散双电层的重叠引起静电相斥，使原来凝聚在一起的水泥颗粒分散开来，呈悬浮状态，沉降速度变慢，屈服值和粘性减少，因此，水泥水化速度就加快，水化充分，水泥石结晶致密，强度提高。同时由于水泥颗粒分散，释放出原来凝聚成团所包裹的空气和水，改善了混凝土的和易性。因此，掺加该类减水剂的混凝土减少了拌合水，而混凝土的强度和抗渗性都能显著提高。

第二类是高性能减水剂。高性能减水剂是国内外近年来开发的新型外加剂品种，目前主要为聚羧酸盐类产品。它具有“梳状”的结构特点，由带有游离的羧酸阴离子团的主链和聚氧乙烯基侧链组成，改变单体的种类、比例和反应条件可生产具有各种不同性能和特性的高性能减水剂。早强型、标准型、缓凝型高性能减水剂可由分子设计引入不同功能团而生产，也可掺入不同组分复配而成。高性能减水剂对水泥有强烈分散作用，能大大提高水泥拌合物流动性和混凝土坍落度，同时大幅度降低用水量，显著改善混凝土工作性并提高混凝土的强度和抗渗性。

◆23. 为什么防水混凝土要及时养护，且至少要养护14 d?

答：防水混凝土成型后，如果养护不及时，过早暴露在空气中，混凝土内水分将迅速蒸发，水泥水化不充分，结石疏松，而水分蒸发造成的毛细管网将彼此连通，形成渗水通路，同时混凝土收缩将增大，出现龟裂，使混凝土抗渗性急剧下降，甚至完全丧失抗渗能力。而防水混凝土在潮湿的环境中或水中硬化，能使水泥水化充分，结石致密。此时，混凝土内的游离水分蒸发缓慢，边蒸发，边有水泥水化新生成物堵塞毛细孔隙，因而形成不了连通的毛细管网，提高了混凝土的抗渗性。

防水混凝土规定至少要养护14d，是以大量试验为依据的。防水混凝土在头14d，硬化速度快，强度增长几乎可达到28d标准强度的80％，如果这段时间养护得好，混凝土各方面性能都好。

◆24. 什么是喷射混凝土?

答：目前在岩石中构筑地下工程正大力推广喷射混凝土。喷射混凝土的施工方法完全不同于普通混凝土，它是以50m/s～100m/s的高速度将混凝土拌合物喷射到围岩表面，以形成密实的混凝土衬砌层。喷射混凝土施工速度快、效率高、省工、省料，可以边掘进，边喷射，省去了临时支护，最大限度地发挥了围岩的自承作用。喷锚支护（喷射混凝土和锚杆联合支护）不仅是最新和最有前途的支护形式，而且在某些场合中，也是岩洞构筑地下工程最为优越的衬砌形式。

◆25. 喷射混凝土能防水吗?

答：喷射混凝土是否适用于含水地层，是不是能防水，已作为突出问题提出来了。现根据国内外施工实践提出以下一些看法。

在含水地层有涌水时，喷射混凝土施工必须疏导喷射。先要在围岩上打一些钻孔，在孔内插入胶管，将渗水集中从管内引出。然后围绕胶管喷射底层混凝土，待底层混凝土达到强度后，再对引水管进行注浆堵水，堵水后再喷射面上混凝土。如果渗水压力较大，也可保留部分引水管，直至各层喷射混凝土施工完毕达到强度后，再注浆把水堵住。

当围岩为大面积慢渗水，且渗水压力不大时，可直接采用分层喷射的方法。一般分底层、面层2层，必要时也可喷3层～4层。

底层喷射混凝土起固定围岩、堵住渗水的作用，要求快硬早强，为此要掺加速凝剂和早强剂。面层喷射混凝土起结构承重和抗渗作用，不宜掺速凝剂，以免损失混凝土后期强度，产生收缩裂缝，对防水不利。

喷射混凝土能不能防水，取决于喷射混凝土本身的强度和抗渗能力，以及能否和围岩牢固地粘结在一起。为此，建议采用以下措施：

围岩表面的松散颗粒、石粉、泥水、油渍等必须清理、冲洗干净。

应按防水混凝土的要求选择原材料。

应根据混凝土原材料的技术性质、施工条件、工程要求进行最佳配合比设计。按此配合比试配的混凝土，应经试喷并检验强度和抗渗等级（要用现场喷射成型的试件），合格后才可以正式使用。

掺入适量的减水剂，以降低水灰比，改善喷射混凝土的流动度，提高其强度和抗渗性，降低收缩率。

喷射宜采用湿喷法。湿喷不仅粉尘小、回弹率低，而且混凝土的水灰比可以严格控制，混凝土能得到充分拌合，质量均匀，和围岩粘结牢固，强度和抗渗性显著提高。

注意做好特殊部位的防水处理。

要及时浇水养护，防止喷射混凝土早期失水，产生收缩裂缝。

采用上述措施后，喷射混凝土抗渗能力肯定可以显著提高，但仍难以达到完全密封防水。因此还应辅以防水和排水措施，做到“以防为主，防排结合”。

◆26. 什么是刚性防水材料？什么是柔性防水材料？

答：防水材料按其力学特性分为刚性和柔性。刚性防水材料多为无机防水涂料，一般指水泥浆类，在其形成防水层后，有很高的抗压性、抗渗能力，但延伸性很小，抵抗结构拉伸变化的能力也不高。

柔性防水材料多为有机类的防水卷材和防水涂料，材料具有较好的弹塑性、延伸性，能适应结构的部分变形。因此对于家庭装修，建议使用柔性涂膜防水材料或刚柔结合的涂膜防水材料。

◆27. 防水涂料分为单组分和双组分，其区别是什么？

答：目前常用的各类单组分防水涂料，通俗说就是一个包装，打开包装桶就可以涂刷使用了，或是加点稀释剂（稀释剂不算一个组分）。单组分防水涂料一般是物理固化即水分挥发或与空气作用而固化。

双组分防水涂料是两个包装，使用时要将两个包装里面的组分混合后才能使用，两个组分混合后产生化学反应而固化。双组分防水涂料混合后有一定的使用时间限制，所以双组分防水涂料要即配即用。

◆28. 目前常用的各类防水涂料的特点是什么？

答：目前常用的各类防水涂料的特点见表15。

表15 目前常用的各类防水涂料的特点

序号	涂料种类	特点
1	聚合物水泥类防水涂料	聚合物水泥防水涂料（简称JS防水涂料）是由合成高分子聚合物乳液（如聚丙烯酸酯、聚醋酸乙烯酯、丁苯橡胶乳液等）及各种添加剂优化组合而成的液料和配套的粉料（由水泥、石英砂及各种添加剂组成）复合而成的双组分防水涂料，是一种刚柔相济的防水材料。该材料环保、与基面粘结牢固、干燥快，但其多为双组分材料，需按说明书指导比例配合液料和粉料
2	丙烯酸类防水涂料	丙烯酸类防水涂料是一种单组分、环保型的弹性防水涂料。它以纯丙或苯丙乳液为基础，配合特殊助剂和填料经过分散研磨而成。该材料无毒、无害、不可燃，是绿色环保型产品；它具有较好的延伸率和拉伸强度，纯丙烯酸耐老化性非常好，防水层的使用寿命也很长；而且该涂料施工方便，辊涂刮涂均可施工。防水层形成无接点的连续弹性膜，对结构复杂的异形部位施工尤为方便
3	聚氨酯类防水涂料	聚氨酯类涂料有“液体橡胶”之称，是目前综合性能最好的防水涂料之一。涂膜坚韧、拉伸强度高、延伸性好、耐腐蚀、抗结构伸缩变形能力强，并具有较长的使用寿命

续表

序号	涂料种类	特点
4	水泥灰浆类防水涂料	灰浆类防水涂料是以丙烯酸酯乳液和多种添加剂组合而成的有机乳液料，配以特种水泥及多种填充料组成的无机粉料，经一定比例配制的双组分水性防水材料。该类涂料属于水性涂料，无毒无害，可直接在混凝土表面施工并粘结牢固，施工方便，不受基层含水率的限制，干燥快，施工 2 h 后即可在表面粘贴瓷砖。但由于该类材料属于刚性防水涂料，成膜后缺乏弹性，会随着建筑沉降和错位影响防水效果，一般适用于结构比较稳定的部位
5	高聚物改性沥青防水涂料	高聚物改性沥青防水涂料是以沥青为基料，用合成高分子聚合物（主要是各类橡胶）进行改性制成的水乳型或溶剂型防水涂料。这类涂料又可称为橡胶改性沥青防水涂料，其在柔韧性、抗裂性、拉伸强度、耐高低温性能、使用寿命等方面比沥青基涂料有很大的改善。其主要品种有：再生橡胶改性沥青防水涂料、水乳型氯丁橡胶沥青防水涂料、SBS 橡胶改性沥青防水涂料等
6	非固化橡胶沥青防水涂料	非固化橡胶沥青防水涂料是以橡胶、沥青为主要组分，加入助剂混合支撑的在使用年限内保持粘性膏体状的防水涂料，具有优秀的弹塑性能、蠕变性能，适用于处理基层变形，可封闭施工基层的裂纹和毛细裂缝，具有自愈功能，可自行修复外力造成的防水层破坏，达到满粘，不窜水

◆29. 防水卷材和防水涂料各有什么优缺点？它们各适合在哪些部位使用？

答：防水卷材和防水涂料特点比对见表 16、图 3。

表 16　防水卷材和防水涂料特点比对

项目	防水卷材	防水涂料
优缺点	施工快捷, 工期短	一道设防需要多遍涂布, 而且需要在前一遍涂料干燥后方可涂布第二遍, 施工工期长
	受天气影响较小	受天气影响较大, 在涂料未干前遇雨, 涂料会流失, 需要重新涂布

续表

项目	防水卷材	防水涂料
优缺点	厚度均匀,材料各部位性能稳定一致。厚度测量简单准确	由于基层不平,涂层厚度不均匀,各部位性能有差异,测量厚度麻烦,容易偷工减料
	接缝多,而且接缝是最容易漏水的部位	形成连续无缝的防水层,防水效果更可靠
	在较小的基层上、异形基层上、有管道、竖向钢筋的基层上施工困难,施工质量不容易保证,要做到完全满粘很难	施工方便,天然满粘,不容易窜水
	沥青卷材需要火烤热熔或涂刷同材性基层处理剂,高分子卷材需要热风焊接或另涂粘结剂,增加了材料成本	集防水材料和粘接材料于一身,不须另加费用
施工部位	适合施工面大的部位,不适合在厕浴间、厨房、有竖向管道和钢筋的部位	施工面大小均可,特别适用于厕浴间、厨房、异形基层

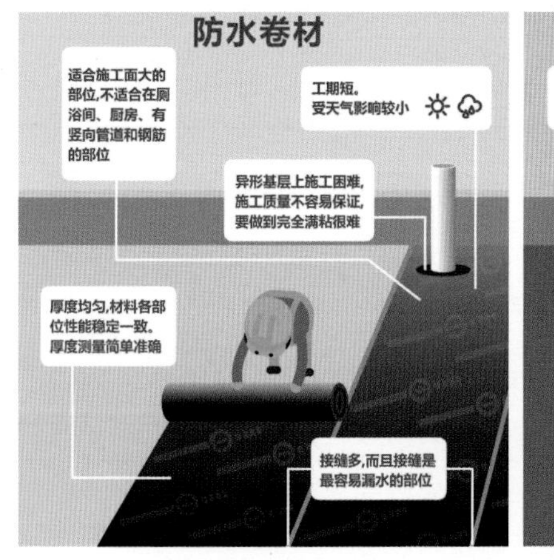

图3 防水卷材和防水涂料的特点对比

◆30. 目前常用的高聚物改性沥青防水卷材有哪几种?

答:目前常用的高聚物改性沥青防水卷材有:弹性体SBS改性

沥青防水卷材、塑性体 APP 改性沥青防水卷材、自粘聚合物改性沥青防水卷材、改性沥青耐根穿刺防水卷材、改性沥青聚乙烯胎防水卷材等。

◆31. 什么是耐根穿刺防水卷材?

答：耐根穿刺防水卷材是以铜胎基或化学阻根剂作为阻根防水层，具有长期的耐植物根（或根状茎）穿刺性能，既防根穿刺又不影响植物正常生长的一种新型防水卷材。

◆32. 改性沥青类耐根穿刺防水卷材的选择和使用有何要求?

答：根据《种植屋面工程技术规程》JGJ 155-2013 的规定，改性沥青类耐根穿刺防水卷材的选择和使用应符合下列要求：

(1) 种植顶板、种植屋面必须为一级防水，且必须至少有一道耐根穿刺防水卷材。

(2) 改性沥青类耐根穿刺防水卷材厚度不应小于 4.0mm。

(3) 不管是聚酯胎基还是复合铜胎基，必须添加化学阻根剂。

(4) 应提供耐根穿刺性能试验合格报告，工地复检卷材基本性能满足《弹性体改性沥青防水卷材》GB 18242-2008 或《塑性体改性沥青防水卷材》GB 18243-2008 的Ⅱ型要求。

◆33. 外露式屋面常用的防水材料有哪些?

答：外露式屋面常用的防水材料有：聚氯乙烯（PVC）防水卷材、热塑性聚烯烃（TPO）防水卷材、SBS 改性沥青防水卷材（页岩面）、丙烯酸防水涂料或聚合物水泥（JS）防水涂膜。

◆34. 高聚物改性沥青防水卷材中哪一种未列入地下工程所用防水卷材?

答：根据《地下工程防水技术规范》GB 50108-2008 的要求，塑性体 APP 改性沥青防水卷材未列入地下工程所用防水卷材。

◆35. SBS改性沥青防水卷材使用在地下室时对胎基的要求是什么?

答：根据《地下工程防水技术规范》GB 50108-2008的要求，SBS改性沥青防水卷材使用在地下室时，单层使用时应选用聚酯毡胎，不宜选用玻纤胎；双层使用时必须有一层为聚酯毡胎。

（摘自《地下工程防水技术规范》GB 50108-2008）

◆36. 塑料防水板在地下工程中的常用种类有哪些?

答：塑料防水板在地下工程中的常用种类有：乙烯-醋酸乙烯（EVA）防水板、聚氯乙烯（PVC）防水板、高密度聚乙烯（HDPE）防水板、（ECB）乙烯-沥青共混聚合物防水板。

◆37. 涂刷环氧粘结剂能够改善新老混凝土的粘结力吗?

答：普通新老混凝土接槎处的粘结强度，在施工质量较好的情况下，也只有整体强度60%～70%。环氧粘结剂宜采用无溶剂的配方，即不含有挥发性的惰性溶剂，如丙酮、甲苯等。为了降低环氧粘结剂的粘度，可采用活性溶剂，即含有环氧基的、能参与固化反应的溶剂，如环氧丙烷苯基醚（牌号为690）、环氧丙烷丁基醚（牌号为501）等。

在粘结前，要彻底清除老混凝土表面的灰尘和污垢，有时需采用专用的工业净化剂除垢。粘结剂刷涂后需在空气中短时间暴露，使环氧粘结剂预交联，然后再浇制新的混凝土，从而对新老混凝土的粘结有一定的改善作用。

◆38. 潮湿基面上可以涂刷环氧粘结剂吗?

答：国内常用的环氧树脂粘结剂体系，不能在潮湿基面上刷涂。地下工程堵漏时，应尽可能创造干燥条件，例如，在封堵引水并使用喷灯将基面烘干并清理后，再涂刷环氧粘结剂。

如果无法创造干燥的条件，可以用布将基面上的水迹擦净，先涂已含有聚酰胺或酮亚胺的环氧粘结剂底胶，待底胶硬化后再使用普通环氧粘结剂。这样也能获得较好的粘结效果。

◆39. 聚氯乙烯(PVC)防水卷材有什么优点?

答：聚氯乙烯（简称 PVC）防水卷材是一种性能优异的高分子防水材料，以聚氯乙烯树脂为主要原料。加入各类专用助剂和抗老化组分，采用先进的设备和工艺生产制成。其产品具有拉伸强度大、延伸率高、收缩率小，低温柔性好、使用寿命长等优点。

由于 PVC 是一种热塑性材料，所以不管是屋面工程还是地下工程，其施工中的搭接均非常方便，可采用热风焊接等方式，施工质量稳定可靠。它是所有高分子防水卷材中施工性能最好的品种之一。

◆40. 三元乙丙防水卷材有什么优点?

答：三元乙丙卷材是防水材料中少有的橡胶类材料。它有如下优点：

（1）耐老化性能优异。使用 30 年后的卷材，其性能指标与新材料的性能几乎一样。国外有机构提出了使用 60 年的建议。

（2）综合性能优异。断裂伸长率达 450%，低温弯折性可达 -40℃。在 -20℃时，延伸率仍能超过 200%。耐化学腐蚀性能优异。耐高低温性能优异，可在 -40℃～ 100℃范围使用。

（3）环保性好。达到碳平衡所需年限仅为 19 年（黑色），白色三元乙丙材料仅为 15 年。而聚氯乙烯材料为 45.4 年，SBS 材料则高达 54.8 年。

◆41. 适用桥梁的防水材料有哪些?

答：（1）公路桥梁。

适用于公路桥梁的防水卷材和防水涂料各有 3 种：SBS 改性沥

青防水卷材、APP 改性沥青防水卷材、自粘聚合物改性沥青防水卷材;聚合物改性沥青防水涂料、聚氨酯防水涂料、聚合物水泥(JS)防水涂料。

(2) 铁路桥梁。

适用于铁路桥梁的防水材料有:高聚物改性沥青防水卷材、氯化聚乙烯(CPE)防水卷材、聚氨酯防水涂料。

◆42. 隧道防水工程用什么防水材料?

答:隧道防水工程的防水材料要求抗拉强度高、延伸率大,一般用高分子防水卷材(防水板)。

公路隧道用聚乙烯(PE)、高密度聚乙烯(HDPE)、乙烯 - 醋酸乙烯共聚物(EVA)、乙烯 - 沥青共混物(ECB)、聚氯乙烯(PVC)防水板或其他性能相近的卷材。

铁路隧道不用 PVC 防水板,其他 4 种公路隧道用的防水板都可以用,但性能指标比公路隧道用的要提高。

◆43. 什么是聚合物水泥(JS)防水涂料(膜)?

答:JS 防水涂料,也称 JS 防水涂膜,其中文名称为聚合物水泥防水涂料,其中,J 是指聚合物,S 是水泥(“JS”为“聚合物水泥”的拼音字头)。该防水涂料是聚合物乳液(聚丙烯酸酯乳液)与水泥按合理比例混合形成的高强坚韧的涂膜,具有有机材料弹性高、无机材料耐久性好的双重优点,防水效果突出。

聚合物水泥防水涂料适用于建筑物地下工程、隧道、洞库、路桥、水池、水利工程、非暴露露台、厕浴间及外墙的防水、防渗和防潮的工程,也可适用于暴露的屋面。

聚合物水泥防水涂料(图 4)起源于德国,在欧洲的名称叫“Elastic cement”,意为弹性的水泥。四川是德国 BASF 公司的 S400 聚合物乳液(聚合物水泥防水涂料的最佳原料之一)在中国第一家制作工业产品的地区,最初的产品名称就叫“弹性水泥”,目前在四川已获得极大的应用，尤其是厨房卫生间的防水。

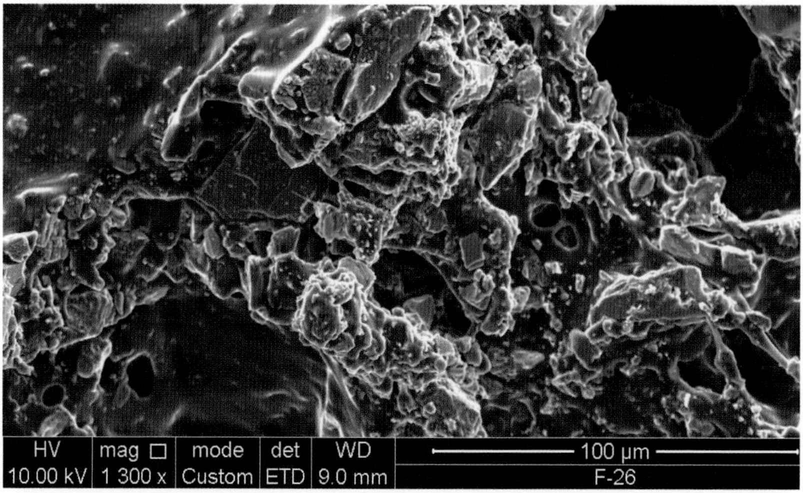

图 4　聚合物水泥防水涂料在显微镜下的微观结构

◆44. 聚合物水泥（JS）防水涂膜在地下工程和屋面工程中的使用区别是什么?

答：聚合物水泥（JS）防水涂膜在地下工程和屋面工程中的使用区别见表 17。

表 17　聚合物水泥（JS）防水涂膜的使用特点

类型	Ⅰ型	Ⅱ型
主要原料	以聚合物为主	以水泥为主
适用范围	主要用于非长期浸水环境下的建筑防水工程, 如平屋面、坡屋面等。	适用于长期浸水环境下的建筑防水工程, 如地下室、厨房、卫生间、 阳露台、飘窗顶板等。

◆45. 非固化橡胶沥青防水涂料有什么优点?

答：非固化橡胶沥青防水涂料是以橡胶、沥青为主要组分，加入助剂混合制成的在使用年限内保持粘性膏状体的一种新型防水材料。该涂料能封闭基层裂缝和毛细孔，能适应复杂的施工作业面，与空气接触后长期不固化，始终保持粘稠胶质的特性，自愈能力强、碰触即粘、难以剥离，在 -20℃仍具有良好的粘结性能。它能解决因基层开裂应力传递给防水层造成的防水层断裂、挠曲疲劳或处于高应力状态下的提前老化等问题；同时，蠕变性材料的粘滞性使其能够很好地封闭基层的毛细孔和裂缝，解决了防水层的窜水难题，使防水可靠性得到大幅度提高；它还能解决现有防水卷材和防水涂料复合使用时的相容性问题。

◆46. 什么是喷涂速凝橡胶沥青防水涂料?

答：喷涂速凝橡胶沥青防水涂料是引进吸收国外先进技术，采用特殊工艺将超细、悬浮、微乳型的改性阴离子乳化沥青和合成高分子聚合物配制而成 A 组分，再与特种固化剂（B 组分）混合后生成的一种性能优异的防水、防渗、防腐、防护涂料。

简而言之，喷涂速凝橡胶沥青防水材料是主要成分由 2 种以上高性能改性乳化橡胶沥青和化学促凝催化剂组成，具有迅速初凝固结特征的双组分系统。该涂料经现场专用设备喷涂瞬间形成致密、连续、完整并具有极高伸长率、超强弹性、优异耐久性的防水涂膜。

◆47. 什么是TPO防水卷材?

答：TPO 防水卷材即热塑性聚烯烃类防水卷材，是以采用先进的技术将乙丙橡胶与聚丙烯结合在一起的热塑性聚烯烃（TPO）合成树脂为基料，加入各种助剂制成的新型防水卷材。在两层 TPO 材料中间加设一层聚酯纤维织物后，可增强其物理性能，提高其断裂强度、抗疲劳、抗穿刺能力。

TPO 防水卷材是在美国和欧洲盛行的一种新型防水材料，在欧美防水市场上占据重要地位。1991 年，欧洲人将其用于屋面，20 世纪 90 年代末期，TPO 防水卷材进入美国市场，之后发展迅速，到 2008 年，TPO 屋面系统市场占有率超过 EPDM（三元乙丙），已居北美屋面市场第一位（市场占有率约 21%）。2003 年，一些欧美品牌进入中国市场，国内防水材料厂家也已开始生产此类产品，其发展至今已成为中国高分子防水卷材市场上的新宠。

TPO 防水卷材综合了 EPDM 和 PVC 的性能优点，具有前者的耐候能力、低温柔度和后者的可焊接特性。这种材料与传统的塑料不同，在常温下显示出橡胶高弹性，在高温下又能像塑料一样成型。因此，这种材料具有良好的加工性能和力学性能，并且具有高强焊接性能。

在实际应用中，该产品具有抗老化、强度高、外露无须保护层、施工方便等特点，十分适宜作为轻型节能屋面以及大型厂房和环保建筑的防水层。

◆48. 什么是自粘聚合物改性沥青防水卷材?

答：自粘聚合物改性沥青防水卷材是由美国格雷斯公司于近 100 年前（20 世纪 20 年代）首先申请的发明专利。该专利是将石油沥青、天然橡胶及一定量的增粘材料在高温下融合在一起，从而制成的防水卷材，具有良好的粘结性能，撕开该卷材的防粘薄膜即可冷粘于所需部位，类似于今天我们常用的不干胶。

该自粘聚合物改性沥青防水卷材自 20 世纪已在世界各大重要建筑物的防水工程中获得良好的应用，如美国的白宫、澳大利亚的悉尼歌剧院、我国香港的香格里拉大酒店等。

21 世纪初该类防水卷材在国内获得了良好的发展，并在自粘聚合物改性沥青防水卷材的基础上又诞生了施工工艺改革的预铺防水卷材、湿铺防水卷材等。

香港迪士尼乐园自粘聚合物改性沥青防水卷材施工现场见图 5。

图 5 香港迪士尼乐园自粘聚合物改性沥青防水卷材施工现场

◆49. 什么是预铺防水卷材?

答：预铺防水卷材实际上是在原有的自粘聚合物改性沥青防水卷材基础上进行施工工艺上的技术创新而形成的一种防水卷材。该卷材表面有一层薄薄的热融胶，将卷材预先铺贴在需要铺贴的部位后，再进行混凝土的浇注，混凝土水化过程产生的热量将使其热融胶溶解、粘结，从而使防水卷材与后浇结构混凝土拌合物粘贴在一起。

该卷材多用于地下防水等工程。根据《预铺防水卷材》 GB/T 23457-2017 的规定，预铺防水卷材适用的工程部位有：

(1) 底板：采用明挖法。

(2) 侧墙：无开挖空间的分离式结构、复合式结构。

(3) 矿山法隧道：复合式衬砌。

◆50. 什么是湿铺防水卷材?

答：湿铺防水卷材也是在原有的自粘聚合物改性沥青防水卷材基础上进行施工工艺上的技术创新而形成的一种防水卷材。传统的防水卷材用火烤法施工，以及用粘结剂粘结施工都需要在基层干燥的情况下进行。湿铺防水卷材可直接在潮湿的混凝土基层上，涂刷一道水泥砂浆或素水泥浆，再铺贴防水卷材，从而达到防水卷材与基面或结构主体实现满粘的效果。

湿铺防水卷材的粘结机理基本同预铺防水卷材。预铺防水卷材和湿铺防水卷材这两种产品实质上是施工工序的颠倒：预铺防水卷材是先铺贴防水卷材，再浇注混凝土；而湿铺防水卷材是先浇注混凝土，再铺贴防水卷材。

根据《湿铺防水卷材》GB/T 35467-2017 的规定，湿铺防水卷材适用的工程部位有：

(1) 屋面：平面屋、坡屋面、即有屋面又有露台。

(2) 非外露工程、地下建筑、管廊。

◆51. 什么是膨润土防水毯？

答：膨润土防水毯是一种新型的防水卷材，是由高膨胀性的钠基膨润土颗粒固定在土工布和塑料编织布之间，用针刺法制成的毯状防水卷材。膨润土防水毯遇水时，膨胀的膨润土在毯内形成胶体，胶体具有排斥水的性能，从而形成均匀高密度的胶状防水层，能有效地防止水的渗漏，具有优异的防水（渗）性能。

钠基膨润土在水压状态下形成高密度横隔膜，厚度约 3mm 时，它的透水性为 $a\times10^{-11}$m/s 以下，相当于 100 倍的 30cm 厚度粘土的密实度，具有很强的自保水性能。

钠基膨润土制作的防水产品品种较多，有防水条、防水带、防水棒、防水板、防水毯等。

因为钠基膨润土系天然无机材料，即使经过很长时间或周围环境发生变化，也不会发生老化或腐蚀现象，因此防水性能持久。

和其他防水材料相比，钠基膨润土防水毯施工相对比较简单，不需要加热和粘贴，只需用膨润土粉末和钉子、垫圈等进行连接和固定即可。施工后不需要特别的检查，如果发现防水缺陷也容易维修。

钠基膨润土防水毯作为一种新型环保生态防水防渗材料，以其独特的防渗漏性能已在水利、环保、交通、建筑、铁道、民航等土木工程中得到广泛使用，可应用于市政（垃圾填埋）的基础处理，人工湖、水库、渠道、屋顶花园的防渗，地下室、地铁、隧道等各类地下建筑物的防水防渗。

◆52. 膨润土防水毯与膨润土防水板是一回事吗?

答：《钠基膨润土防水毯》 JG/T 193-2006 按生产工艺将膨润土防水毯分为3种：针刺法膨润土防水毯（GCL-NP）、针刺覆膜法膨润土防水毯（GCL-OF）和胶粘法膨润土防水毯（GCL-AH）。

针刺法钠基膨润土防水毯，是由两层土工布包裹钠基膨润土颗粒针刺而成的毯状材料。

针刺覆膜法钠基膨润土防水毯，是在针刺法钠基膨润土防水毯的非织造土工布外表面上复合一层高密度聚乙烯薄膜制成的。

胶粘法钠基膨润土防水毯，是用胶粘剂把膨润土颗粒粘结到高密度聚乙烯板上，通过加压成型的生产工艺制作而成的一种钠基膨润土防水毯，原名称为**膨润土防水板**，在美国获得了大量应用，如美国的地铁，其防水大部分都是采用膨润土防水板。

◆53. 如何评价聚乙烯丙纶防水卷材?

答：单纯从聚乙烯丙纶防水卷材这个产品来说，无可厚非，该产品就是一种土木工程中常用的材料。

但是将聚乙烯丙纶作为建筑防水材料的常用种类之一，则是中国的一种特色。聚乙烯丙纶产品大约是在20世纪90年代末期，从国外引入到国内的。该类产品在国外主要是用于土木工程中，作为防渗、护坡等工程中使用的一种材料，但由于该类材料的单价较低，进入中国后，大量应用于国内的建筑防水工程中，从屋面到卫生间，再到地下室，在各部位的防水工程中都获得了极广泛的应用，同时也带来了不少建筑渗漏隐患。因为聚乙烯丙纶防水卷材施工中，其与基层粘结和聚乙烯丙纶防水卷材之间的搭接一般是通过水泥砂浆或聚合物水泥粘结料来实现的，这种粘结或搭接施工方式属于不同材质间的粘结，且不是密闭性防水封边，往往渗漏就从粘结处发生。

所以，在各建筑防水工程中，尤其是重要的防水部位，选用该类产品一定要慎重。

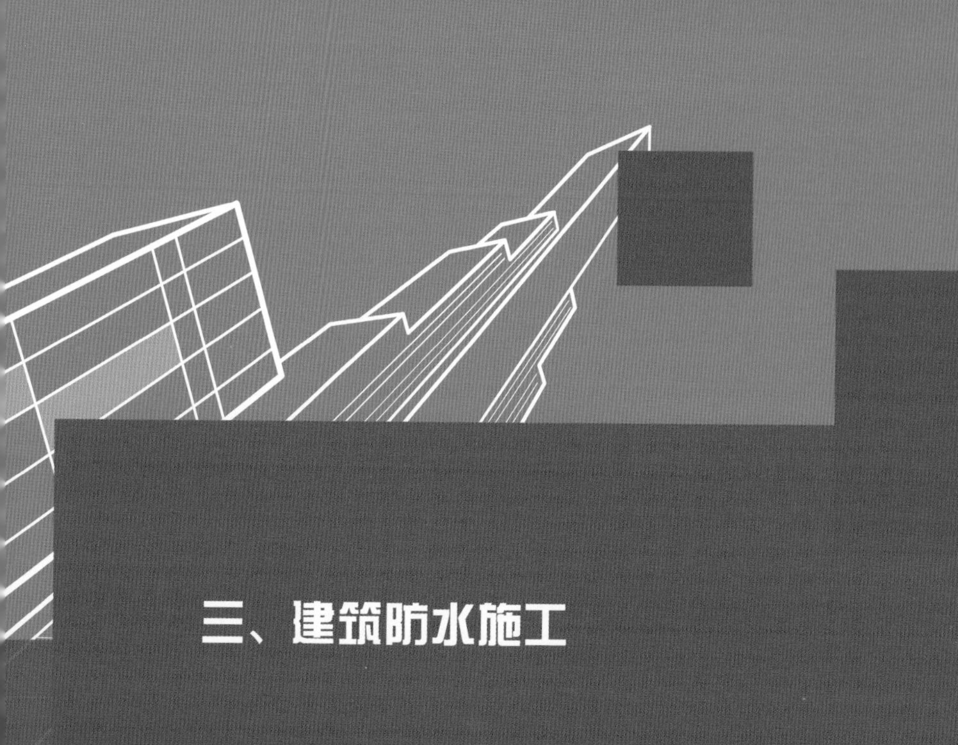

三、建筑防水施工

◆54. 一般防水工程对基面有什么要求？为什么说基层质量是保证防水层质量的关键？

答：一般防水工程对基面的要求为：

(1) 基层不起砂，不起皮，不酥松。这样才能保证防水材料粘结牢固。

(2) 基层要平整，才能保证卷材粘结牢固、涂料层厚薄均匀，不会损坏防水层。

(3) 基层（找坡层）坡度准确，才能保证排水顺畅，不积水。

(4) 阴阳角处应做成圆弧形，并应整齐平顺，以免空鼓、粘结不良。

(5) 板端缝要采取防裂的构造措施，以防止防水层被拉裂。

◆55. 防水卷材在屋面施工对基层和铺贴方式有什么基本要求？

答：卷材防水层基层应坚实、干净、平整，应无孔隙、起砂和裂缝。基层的干燥程度应根据所选防水卷材的特性确定。

(1) 卷材防水层铺贴顺序和方向应符合下列规定：

a. 卷材防水层施工时，应先进行细部构造处理，然后由屋面最低标高向上铺贴；

b. 檐沟、天沟卷材施工时，宜顺檐沟、天沟方向铺贴，搭接缝应顺流水方向；

c. 卷材宜平行于屋脊铺贴，上下层卷材不得相互垂直铺贴。

防水卷材屋面施工工法

(2) 立面或大坡面铺贴卷材时，应采用满粘法，并宜减少卷材短边搭接。

◆56. 施工现场基层的干燥度怎样检验？

答：将 $1m^2$ 卷材平坦干铺在找平层上，静置3h～4h后检查，在找平层与卷材上未见水印，即可铺设防水层。

◆57. 为什么热熔类卷材要铺贴在干燥的基层上？

答：卷材屋面产生鼓泡的原因，主要是铺贴卷材时，粘贴不实的部位窝有水分和气体。当这些部位受到阳光照射或人工热源影响后，水分和气体体积膨胀，于是就形成鼓泡。热熔类卷材要求铺贴在干燥的基层（保护层和找平层）上，其目的就是避免防水层产生鼓泡。这也是保证卷材屋面施工质量的一个首要前提。

◆58. 冷粘法铺贴防水卷材在屋面施工中有哪些规定和要求？

答：根据《屋面工程技术规范》GB 50345-2012，卷材采用冷粘法铺贴时应该符合：

(1) 胶粘剂涂刷应均匀，不得露底、堆积；卷材空铺、点粘、条粘时，应按规定的位置及面积涂刷胶粘剂。

(2) 应根据胶粘剂的性能与施工环境、气温条件等，控制胶粘剂涂刷与卷材铺贴的间隔时间。

(3) 铺贴卷材时应排除卷材下面的空气，并应挤压粘贴牢固。

(4) 铺贴的卷材应平整顺直，搭接尺寸应准确，不得扭曲、皱折；搭接部位的接缝应满涂胶粘剂，辊压应粘贴牢固。

(5) 合成高分子卷材铺好压粘后，应将搭接部位的粘合面清理干净，并应采用与卷材配套的接缝专用胶粘剂，在搭接缝粘合面上应涂刷均匀，不得露底、堆积，应排除缝间的空气，并用辊压粘贴牢固。

冷粘法铺贴防水卷材施工工法（屋面）

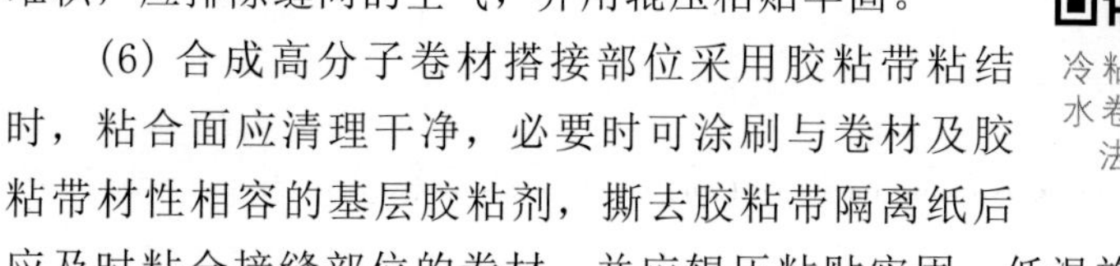

(6) 合成高分子卷材搭接部位采用胶粘带粘结时，粘合面应清理干净，必要时可涂刷与卷材及胶粘带材性相容的基层胶粘剂，撕去胶粘带隔离纸后应及时粘合接缝部位的卷材，并应辊压粘贴牢固；低温施工时，宜采用热风机加热。

(7) 卷材接缝部位应采用专用胶粘剂或胶粘带满粘，接缝口应用密封材料封严，其宽度不应小于 10mm。

◆59. 热粘法铺贴防水卷材在屋面施工中有哪些规定和要求?

答：根据《屋面工程技术规范》GB 50345-2012，热粘法铺贴卷材应符合下列规定：

(1) 熔化热熔型改性沥青胶结料时，宜采用专用导热油炉加热，加热温度不应高于200℃，使用温度不宜低于180℃。

(2) 粘贴卷材的热熔型改性沥青胶结料厚度宜为1.0mm～1.5mm。

(3) 采用热熔型改性沥青胶结料铺贴卷材时，应随刮随滚铺，并应展平压实。

热粘法铺贴防水卷材施工工法（屋面）

◆60. 热熔法铺贴防水卷材在屋面施工中有哪些规定和要求?

答：根据《屋面工程技术规范》GB 50345-2012，热熔法铺贴卷材应符合下列规定：

(1) 火焰加热器的喷嘴距卷材面的距离应适中，幅宽内加热应均匀，应以卷材表面熔融至光亮黑色为度，不得过分加热卷材；厚度小于3mm的高聚物改性沥青防水卷材，严禁采用热熔法施工。

(2) 卷材表面沥青热熔后应立即滚铺卷材，滚铺时应排除卷材下面的空气。

(3) 搭接缝部位应溢出热熔的改性沥青，溢出的改性沥青胶结料宽度宜为8mm，并宜均匀顺直；当接缝处的卷材上有矿物粒或片料时，应用火焰烘烤做沉砂处理再进行热熔和接缝处理。

(4) 铺贴卷材时应平整顺直，搭接尺寸应准确，不得扭曲。

自粘法铺贴防水卷材施工工法（屋面）

◆61. 自粘法铺贴防水卷材在屋面施工中有哪些规定和要求?

答：根据《屋面工程技术规范》GB 50345-2012，自粘法铺贴卷材应符合下列规定：

(1) 铺粘卷材前，基层表面应均匀涂刷基层处理剂，干燥后应及时铺贴卷材。

(2) 铺贴卷材时应将自粘胶底面的隔离纸完全撕净。

(3) 铺贴卷材时应排除卷材下面的空气，并应辊压粘贴牢固。

(4) 铺贴的卷材应平整顺直，搭接尺寸应准确，不得扭曲、皱折；低温施工时，立面、大坡面及搭接部位宜采用热风机加热，加热后应随即粘贴牢固。

(5) 搭接缝口应采用材性相容的密封材料封严。

◆62. 焊接法铺贴防水卷材在屋面施工中有哪些规定和要求？

答：根据《屋面工程技术规范》GB 50345-2012，焊接法铺贴卷材应符合下列规定（图6）：

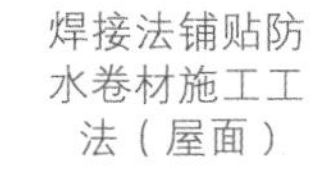

焊接法铺贴防水卷材施工工法（屋面）

(1) 对热塑性卷材的搭接缝可采用单缝焊或双缝焊，焊接应严密。

(2) 焊接前，卷材应铺放平整、顺直，搭接尺寸应准确，焊接缝的结合面应清理干净。

(3) 应先焊长边搭接缝，后焊短边搭接缝。

(4) 应控制加热温度和时间，焊接缝不得漏焊、跳焊或焊接不牢。

图6　焊接法铺贴卷材

◆63. 机械固定法铺贴防水卷材在屋面施工中有哪些规定和要求?

答：根据《屋面工程技术规范》GB 50345-2012，机械固定法铺贴卷材应符合下列规定：

(1) 固定件应与结构层连接牢固。

(2) 固定件间距应根据抗风揭试验和当地的使用环境与条件确定，并不宜大于600mm。

(3) 卷材防水层周边800mm范围内应满粘，卷材收头应采用金属压条钉压固定和密封处理。

机械固定法铺贴防水卷材施工工法（屋面）

◆64. 机械固定法铺贴防水卷材的方式有哪些?

答：机械固定法铺贴防水卷材按固定方式分为无孔增强型机械固定和搭接区机械固定2种。

无穿孔机械固定系统是利用一种专用胶粘条带将卷材固定在金属屋面上的系统，意为增强型机械固定，其中“增强型”指的是两边复合了搭接带的专用粘结条带，以增强条带在穿孔固定以后的抗撕裂等强度。

搭接区机械固定是在相邻的搭接处，使用压条和紧固件将下幅卷材固定到基层，用150mm宽的搭接胶带将压条覆盖，与上幅卷材搭接形成一个完全封闭的防水体系。

◆65. 为什么防水层施工完后要做保护层?

答：防水层（这里指非外露的防水层）施工完后一般都还要在上面继续施工其他工序。如果不做保护层往往很容易造成局部防水层的破损，如果破损处得不到修补或没有被发现，将来就会引起渗漏，而一旦出现渗漏，又需要局部修补和全部翻新。因此在防水层做好后要做一层保护层，主要是起到保护防水层的作用。

◆66. 怎样防止卷材屋面的开裂?

答：卷材屋面的开裂原因比较复杂。只有根据不同工程的特点，采取“刚柔并施、以柔适变”的综合措施，才能取得比较好的防裂效果。

（1）增设板缝缓冲层。

（2）加强屋盖系统的整体刚度，改进各个工序的施工质量。

（3）平行于屋脊方向铺贴卷材。

（4）预制板覆面层应与防水层隔开。

（5）大面卷材须采用满粘法施工，卷材防水层易拉裂部位，宜选用空铺、点粘、条粘或机械固定等施工方法。

◆67. 沥青瓦屋面施工的固定方式是什么?

沥青瓦施工工法

答：沥青瓦的固定方式以钉为主、粘结为辅。每张瓦不少于 4 个固定钉；在大风地区或屋面坡度大于 100%时，每张瓦不少于 6 个固定钉，见图 7。

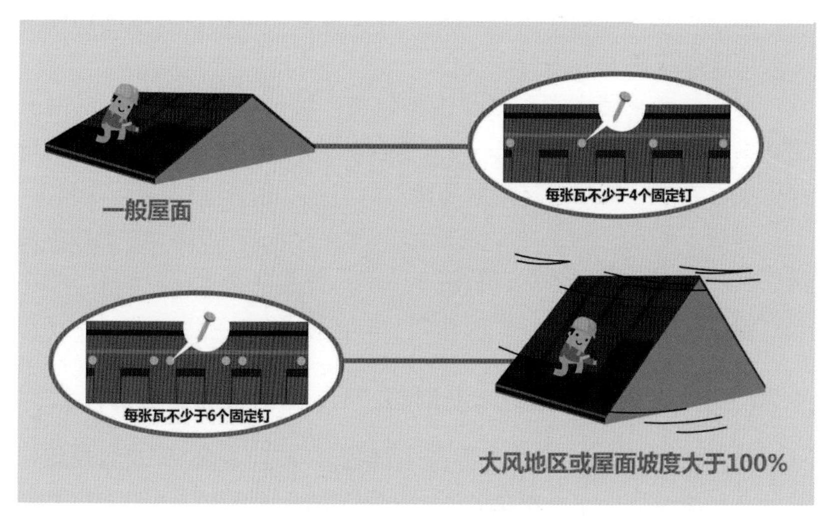

图 7　沥青瓦屋面施工的固定方式

◆68. 复合防水施工的设计应注意哪几点?

答：根据《屋面工程技术规范》 GB 50345-2012 的要求，防水层复合防水施工的设计应注意以下几点：

(1) 选用的防水卷材与防水涂料应相容。

(2) 防水涂膜宜设置在防水卷材的下面。

(3) 挥发固化型防水涂料不得作为防水卷材粘结材料使用。

(4) 水乳型或合成高分子类防水涂膜上面，不得采用热熔型防水卷材。

(5) 水乳型或水泥基类防水涂料，应待涂膜实干后再采用冷粘铺贴卷材。

◆69. 自粘聚合物改性沥青防水卷材施工工艺有哪些?

答：自粘聚合物改性沥青防水卷材施工工艺有 3 种，分别是干铺法、湿铺法、预铺反粘法。

干铺法：自粘卷材常见施工方法为：基层处理—涂刷底油—施作附加层—铺贴卷材—后续施工。该法对基层含水率要求高，涂刷底油前要做检测。

湿铺法：采用水泥砂浆作为粘结剂，粘结基层和防水层，对基层含水率要求低。施工工艺：处理基层—施作附加层—预铺贴卷材—涂刷水泥素浆—铺贴卷材—后续施工。

预铺反粘法：与其他 2 种施工方法不同，本方法防水卷材不与基层粘结，而是与主体结构粘结在一起，对基层要求低。施工工艺：处理基层—预铺贴卷材—搭接处理—后续施工。

◆70. 高分子耐根穿刺防水卷材对“T”型搭接的要求是什么?

答：根据《种植屋面工程技术规程》 JGJ 155-2013 的规定，高分子耐根穿刺防水卷材的“T”型搭接处应作附加层，附加层直径

（尺寸）不应小于200mm，附加层应为匀质的同材质高分子防水卷材，矩形附加层的角应为光滑的圆角。

◆71. 合成高分子防水卷材对焊接的要求是什么?

答：合成高分子防水卷材对焊接的要求是：搭接处无固定件时，搭接宽度≥ 80 mm，且有效焊缝宽度≥ 25 mm；搭接处有固定件时，搭接宽度≥ 120 mm，且有效焊缝宽度≥ 25 mm。采用热风焊接双道焊缝搭接方式时，每条缝的有效焊接宽度不应小于 15 mm。在地下工程中，单缝焊有效焊接宽度不小于 30mm。

◆72. HDPE高分子自粘胶膜防水卷材的搭接处理方法是什么?

答：HDPE 高分子自粘胶膜防水卷材的搭接处理方法是：

(1) 自粘胶带。

(2) 自粘。

(3) 焊接。

◆73. 冬季施工高分子自粘胶膜时可以用火烤加热吗?

答：冬季施工高分子自粘胶膜时严禁使用明火，在气温较低时，可采用热风焊接机具进行辅助加温以提高胶层的粘度。高分子自粘胶膜由隔离层、胶层和主材料组成，其中胶层是非沥青类的高分子胶，主材料是高分子的 HDPE，都不能直接与明火接触。

◆74. 如何增强在低温时自粘卷材的粘结性?

答：沥青基自粘防水卷材在低温状态下干铺施工时，宜对卷材和基面适当加热然后铺贴卷材。

◆75. 沥青砂浆找平层适用于哪些工程?

答：道桥施工中，常用沥青砂浆作找平层。

沥青砂浆由加热的砂子、矿物粉与沥青拌合而成，用作找平层时须加以捣实。

沥青砂浆是一种弹塑性材料，有一定的强度和相当的防水、隔潮性能，施工完毕并冷却至常温后，即可进行卷材的铺贴，摆脱了水泥砂浆找平层需要养护、干燥、往往要靠天吃饭的被动局面。另外，由于同属于沥青材料，在铺贴卷材前可省去涂刷冷底子油的工序，与卷材粘结也比较牢靠。因此，在雨季或冬季施工中，以及一些抢建工程上（特别是在南方多雨的潮湿地区），采用沥青砂浆找平层无疑是一项积极有效的技术措施。

◆76. 刮涂防水层应遵循什么原则，达到什么标准？

答：刮涂防水层要按照先细部（管根、排水孔）后大面（墙面和地面），先局部后整体的原则实施。

施工过程要细致，墙面与地面的接缝处、阴阳角、水管、地漏和卫生洁具的周边及铺设冷热管的预留沟内是重点防水部位，阴阳角宜做成圆弧形，大面积防水施工前，按设计要求在留设凹槽内嵌填密封材料，在天沟、檐沟、阴阳角、管根等节点处，先用毛刷刷涂2遍涂料。

防水涂料应满涂无遗漏，与基层粘结牢固，无气泡，无脱层，表面平整，卷起部位涂刷高度基本一致均匀，厚度需满足产品的规定要求。防水涂膜施工按说明书规定的时间进度分步骤操作，施工环节完全结束后，再进行其他后续工程施工。

◆77. 防水涂料的涂刷施工要求是什么？

答：防水涂料有刮涂、刷涂、喷涂3种常见方式，涂层应均匀，薄涂多遍。

刷防水涂料时要先刷基准线以下位置，并在墙面和地面连接阴角处刷成八字，上下交叉，交接处搭接宽度应有200㎜，不得有漏刷情况出现。

墙角涂刷完成后，沿基准线涂刷墙体：第一遍涂刷墙面时，应上下纵向涂刷，第二遍涂刷墙体，应左右横向涂刷。

地面防水涂料的涂刷应该从房间里侧向门口涂刷，地面水管接口处尤其要仔细涂刷，不能有任何遗漏。

防水涂料刮涂施工工法

防水涂料刷涂施工工法

防水涂料喷涂施工工法

◆78. 为什么自防水轻型屋盖还要涂刷防水涂料?

答：目前自防水轻型屋盖一般采用预应力混凝土屋面板，如预应力空心板、F 形板、“三合一”板以及槽瓦等。这种预应力构件抗裂性能比较好，加上采用密实级配混凝土，在混凝土中加入了防水剂和引气剂等，因而具有一定的防水和抗渗漏能力。但是这类屋面毕竟厚度较薄（一般板面混凝土只有 30㎜ ～ 40㎜），在长期大气作用下，混凝土材料会出现风化和发丝裂缝。因此，在这类屋面上还要加涂刷防水涂料，以防止因板面产生发丝裂缝、雨水渗入而引起钢筋锈蚀，提高板面混凝土的抗渗漏能力；同时保护混凝土面层，使之免遭或延缓风化，提高屋面构件的耐久性。这就是说，自防水轻型屋盖必须采取涂刷防水涂料与混凝土构造防水相结合的办法，形成双重防线，借以有效地提高整个屋面的防水质量。

◆79. 聚合物水泥（JS）防水涂膜施工应注意哪些问题?

答：聚合物水泥（JS）防水涂膜施工应注意：

(1) 严格配料比例，不允许添加胶粉料等厂家未许可的物质，按要求搅拌均匀至施工稠度，并注意产品施工使用时间。

(2) 滚涂或涂刷厚度符合设计要求，且至少交叉涂刷两遍，下一次涂刷一定要在上一遍表干以后进行。

(3) 基层应平整、无起灰，干燥吸水太强的基面应预先洒水润湿。不适合用于拉毛基面。

(4) 大面积涂刷前，应做好阴角、管口、地漏等细部的防水处理。

◆80. 当聚氨酯防水涂料比较粘稠时，怎么办？

答：聚氨酯防水涂料施工比较粘稠时，可适当添加稀释剂。稀释剂的加量以厂家建议为准，一般添加量约2%，最多不宜超过5%。稀释剂可选用工业级的二甲苯、高沸点溶剂油、醋酸丁酯等，在购买时一定要清楚地告诉对方购买的是工业级产品，不能在其中添加酒精，更不要购买低价劣质的稀释剂。切忌选用酒精、双氧水、硝基漆稀释剂等。在使用前应预先对稀释剂进行小试试验，试验通过后方可大面施工。

◆81. 防水涂料施工时，采用喷涂方式还是涂刷方式效果更佳？

答：两种涂料施工方式各有优缺点，不同的施工位置应采用不同的施工方式。大面积平面施工采用喷涂施工，既省时间又节省劳动力；当遇到阴角或管口狭窄空间时，转变为涂刷施工，这样能有效地解决转角部分细节美观和质量问题。两种方式的施工有效地结合起来，便能达到美观、省时、省劳动力、省成本等效果。

◆82. 为什么地下工程防水比屋面防水要求更高、更严格？

答：地下工程防水处理之所以比屋面工程防水要求更高、更严格，是因为无论坡屋顶还是平屋顶，都是以排为主，雨水在屋顶上停留的时间短，能够通过有组织或无组织的排水方式，从落水管或屋檐口排入下水道，一般防水层形成不了渗透压力。

而地下工程则不然。由于受地形条件的限制，地下水很难降到地下工程底部标高以下。这样，地下工程将长期受到地下水有害作用的影响。地下水的有害作用表现在以下几个方面：毛细作用、渗透作用、侵蚀作用等，多源头的危害分别影响结构功能和使用功能。

在屋面工程中，一般不易遇到以上3种有害作用。但地下工程中则必须认真考虑这3种有害作用，采取有效措施，以防遭到地下水的淹没、侵蚀和损坏。通常设置单防线是不行的，必须采取“综合处理，多道防线”的方式。所谓综合处理，就是要从工程地质、结构、施工等几方面综合考虑，采取有效处理措施，防止地下水的有害作用。所谓多道防线，不是指防水的层数越多越好，而是要把围岩（掘开式地下工程的回填土）防水处理、结构防水处理、地面排水措施等，都看成防水的防线，认真做好，以减弱地下水对地下工程的危害。

◆83. 地下工程防水目前主要有哪些方法？

答：地下工程防水目前主要有3种方法：

(1) 混凝土结构自防水法。

这就是采用防水混凝土来衬砌地下工程结构，在结构设计、材料选用、施工要求等方面采取一系列措施，使混凝土衬砌既能起到结构的承重作用，又能起到防水作用。

(2) 外贴卷材防水法。

这就是在地下工程结构的外表粘贴卷材防水层。这种防水法一般为热施工，操作条件较麻烦。但由于外贴卷材能够保护地下工程结构免受地下水侵蚀、渗透和毛细作用的有害影响，因此目前仍得到广泛应用。卷材冷贴施工法的出现，为地下工程采用卷材防水层开辟了更好的前景。

(3) 涂料防水法。

这就是在地下工程结构的内表面或外表面涂刷或喷涂防水涂料。目前我国使用的聚合物水泥（JS）防水涂膜、聚氨酯防水涂料、喷涂速凝橡胶沥青防水涂料等较适合地下工程应用。

◆84. 地下工程采用粘贴式卷材防水层有什么好处?

答：由于防水卷材——无论是沥青卷材还是高分子卷材都是憎水性材料，它们粘贴在地下工程衬砌结构的迎水面，可以构成一道密封的隔水层，保护地下工程衬砌结构免受地下水毛细渗透和侵蚀作用的有害影响。与金属防水层（如钢板防水层）相比节约了材料，降低了成本，并且比刚性防水层（如防水抹面）抵抗变形的能力要强。

◆85. 为什么地下工程卷材防水宜采用外防水做法?

答：将卷材防水层粘贴在地下工程结构的迎水面通常称为外防水，贴于背水面称为内防水。卷材外防水可以保护地下工程主体结构免受地下水有害作用的影响；防水层可以借助土压力压紧，并可和承重结构一起抵抗有压地下水的渗透。而内防水做法不能保护主体结构，且必须另设一套内衬结构压紧防水层，以抵抗有压地下水的渗透，有时甚至需设置锚栓将防水层及支承结构连成整体。因此，一般掘开施工的地下工程都不采用内防水做法。

◆86. 为什么地基不稳定时边墙卷材防水层宜采用外防外贴法?

答：采用外防水做法时，边墙卷材防水层的施工可分为内贴法和外贴法2种。内贴法是结构边墙施工前，先砌保护墙，然后把卷材防水层贴在保护墙上，最后浇注边墙混凝土。外贴法是待结构边墙施工完后，直接把卷材防水层贴在边墙上（与底板卷材防水层要搭接），最后砌保护墙和回填土。内贴法可减少基坑开挖宽度，省去边墙混凝土的外侧模板，但防水层暴露时间长，易在绑扎钢筋、灌注混凝土时遭受损坏；同时迎水面边墙混凝土施工质量也难检查，出现弊病无法修补。另外，保护墙太高，铺贴操作不方便，防水层容易下滑。因此，一般都不采用内贴法，特别是地基不稳定时，更不宜采用。否则，当结构边墙与保护墙产生不均匀下沉时，防水层容易被扯裂破坏而渗水。此时若采用外贴法，由于卷材防水层是直接贴在结构边墙上的，因此当主体结构和保护墙产生不均匀沉降时，卷材防水层可随结构一起沉降，不易被拉断。

◆87. 为什么卷材防水层在底板和边墙交接处留死槎比留活槎效果好？

答：外防水做法一般都是先铺底板卷材防水层，然后再灌注主体结构。因此，先铺贴的底板防水层须在适当部位留槎，一般留在结构边墙的下部。留槎形式大体可分为活槎和死槎 2 种。

(1) 留活槎。将槎头水平铺于垫层上，并采取保护措施（以砂袋、草袋、木板等覆盖保护），待主体结构完成后，拆除保护物进行翻槎。

(2) 留死槎。底板卷材留齐头槎贴置在临时保护墙上。地下结构边缘施工完毕后，拆除临时保护墙并清理接槎面。

留活槎的接头做好后，粘结密实，渗水路线长，防水效果好。但由于施工间隔时间长，槎头难于妥善保护，特别是直接甩槎在底板上时，很容易被基坑积水和泥土等脏物沾污，还容易在立模、绑扎钢筋过程中被砸破。活槎甩在墙上，虽然避免了基坑积水和脏物沾污，但仍难避免混凝土养护水和雨水的沾污，防水层又容易在立模时被破坏折裂，因此，一般都不采用这种留槎方法。留死槎的主要优点是槎头有良好保护，在支模、绑扎钢筋、浇注混凝土过程中不容易遭到损坏和沾污，施工简便，易于保证粘贴质量，从而弥补了渗水路线短的缺陷。因此留死槎防水效果好，在工程中应用较为广泛。

◆88. 为什么卷材防水层和地下主体结构施工期间，要将地下水位降低到防水层底部标高以下500 mm？

答：地下工程只有在卷材防水层和主体结构全部施工完毕后，才能承受地下水的压力。因此，在卷材防水层和主体结构施工过程中，要做好施工排水，保证地下水和雨水不会淹没基坑和防水层。

地下工程施工期间的降水做法主要是抗浮措施，避免在地下室和上部主体结构未完成时，地下水的浮力对结构产生破坏，其次才是防水层施工要求。《地下建筑防水构造》（10J301）要求，保持地下水位低于工程底部最低高程500mm以下。

将地下水位降低到防水层底部标高以下至少500mm，也是为了满足各类防水层（如自防水混凝土、卷材或涂料）施工的需要，因为这些材料在施工期间必须有一个无水和基本干燥的作业环境，这是保证工程质量的首要条件；还因各类防水层特别是卷材或涂料，都需铺设在150mm～200mm厚的素混凝土垫层上，其下部还有100mm～150mm厚的砂卵石层。将地下水位降到砂卵石层这一标高下，就可使素混凝土垫层免于受到地下水的浸泡，有利于在垫层上进行各类防水层的施工。防水层施工后，主体结构尚未完成以前，仍应继续降水，以防止地下水回升到垫层以上，使防水层受到向上的顶压力而鼓胀、起泡甚至破坏。至于地下水应降至防水层底部标高500mm以下多少，则应视实际施工过程中，能否保证素混凝土垫层干燥、不承受地下水压力为准。

◆89. 为什么在岩石中构筑地下工程要对围岩进行防水处理?

答：在岩石中构筑地下工程，地下水往往通过岩石裂隙对地下工程造成严重危害。尤其是穿越含水地下层的竖井、地道，穿过江、河、海峡的隧道，必须采取有效措施，对渗水围岩进行防水处理，才能保证正常施工，以及竣工后有较好的防水效果。对围岩进行防水处理，最经济、最简便有效的办法是注浆法。

围岩注浆堵水根据施工时间不同，可分为：

(1) 预注浆。在地下工程开挖之前，预先进行注浆，使注浆液充塞岩层裂隙，堵住水流，称为预注浆。预注浆可以在地面上进行，也可以在工作面上进行。地面预注浆是在地面上，沿地下工程周围或侧边钻孔注浆，形成隔水帷幕。工作面预注浆是在地下工程毛峒开挖之前，在其四周钻孔，探明地下水以及石质情况，然后把浆液从钻孔中压入岩层裂隙，截断地下水流，固定破碎围岩。

(2) 后注浆。在地下工程开挖以后、衬砌以前，围岩虽已经进行预注浆，但由于爆破震动，个别地段仍有渗漏水时，为保证地下工程防水混凝土衬砌质量，在围岩渗水处钻孔注浆，制止渗漏，称为后注浆。

(3) 回填注浆。地下工程衬砌与围岩之间的间隙一般用块石回填，为改善围岩传力条件和减少渗漏水而对回填层进行的注浆，称为回填注浆。

(4) 固结注浆。为固结围岩，提高岩石的承载能力，充填细小裂隙，减少地下工程的渗漏水，在回填注浆后，再次对围岩进行注浆，称为固结注浆。

◆90. 地下工程防水卷材施工时对施工环境的要求是什么?

答：铺贴卷材时严禁在雨天、雪天、五级及以上大风中施工；冷粘法、自粘法施工的环境温度不宜低于 5 ℃；热熔法、焊接法施工的环境温度不宜低于 -10 ℃。

施工过程中下雨或下雪时，应做好已铺卷材的防护工作。

(摘自《地下工程防水技术规范》 GB 50108-2008)

◆91. 地下工程铺贴防水卷材时对工艺的要求是什么?

答：地下工程铺贴防水卷材时，原要求地下室底板的卷材可采用空铺法或点粘法施工，其粘结位置、点粘面积应按设计要求确定，现基本都要求采用满粘法；侧墙采用外防外贴法的卷材及顶板部位的卷材应采用满粘法施工。

根据《地下工程防水技术规范》 GB 50108-2008 的规定，铺贴各类防水卷材应符合下列规定：

(1) 应铺设卷材加强层。

(2) 结构底板垫层混凝土部位的卷材可采用空铺法或点粘法施工，其粘结位置、点粘面积应按设计要求确定；侧墙采用外防外贴法的卷材及顶板部位的卷材应采用满粘法施工。

(3) 卷材与基面、卷材与卷材间的粘结应紧密、牢固；铺贴完成的卷材应平整顺直，搭接尺寸应准确，不得产生扭曲和皱折。

(4) 卷材搭接处和接头部位应粘贴牢固，接缝口应封严或采用材性相容的密封材料封缝。

(5) 铺贴立面卷材防水层时，应采取防止卷材下滑的措施。

(6) 铺贴双层卷材时，上下两层和相邻两幅卷材的接缝应错开 1/3 幅宽～ 1/2 幅宽，且两层卷材不得相互垂直铺贴。

（摘自《地下工程防水技术规范》GB 50108-2008)

◆92. 地下工程中防水卷材搭接宽度最小应为多少?

防水卷材施工工法（地下工程）

答：根据《地下工程防水技术规范》GB 50108-2008 的规定，地下工程中防水卷材搭接的最小宽度见表 18。

表 18　地下工程中防水卷材搭接最小宽度（mm）

卷材品种	搭接宽度
弹性体改沥青防水卷材	100
改性沥青聚乙烯胎防水卷材	100
自粘聚合物改性沥青防水卷材	80
三元乙丙橡胶防水卷材	100/60（胶粘剂/胶粘带）
聚氯乙烯防水卷材	60/80（单焊缝/双焊缝）
	100（胶粘剂）
聚乙烯丙纶复合防水卷材	100（粘结料）
高分子自粘胶膜防水卷材	70/80（自粘胶/胶粘带）

◆93. 为什么地下工程防水混凝土衬砌的厚度不得小于250 mm?

答：防水混凝土之所以能防水，除了混凝土致密、孔隙率小以外，还因为它有一定的厚度，对有压力的地下水从混凝土中通过形成阻力。当混凝土内部的这种阻力大于外部水压时，地下水就能在混凝土中停顿下来。这就是说，防水混凝土衬砌必须有足够的厚度，才能抵抗地下压力水的渗透。由于在实验室条件下确定抗渗等级时，防水混凝土抗渗试件的高度一般都在150 mm以上，在现场条件下，把地下工程防水混凝土衬砌的最小厚度定为250 mm，也就是比150 mm稍大一些，是必要的和合适的。该规定通过这几年的使用来看，防水效果明显。

◆94. 地下防水工程对防水层保护层的要求是什么?

答：地下防水工程对防水层保护层的要求是：

(1) 底板卷材防水层的保护层细石混凝土厚度不小于50 mm。

(2) 顶板卷材防水层的保护层采用机械碾压回填时，细石混凝土厚度不小于70 mm；采用人工回填时，细石混凝土厚度不小于50 mm；防水层与保护层之间宜设置隔离层。

(3) 侧墙卷材防水层宜采用软质保护材料或铺抹20 mm厚M5水泥砂浆层。

◆95. 为什么地下工程防水做完后的回填很重要?

答：地下防水工程的防水构造层应该做在混凝土构件的迎水面，做好外墙面的防水层外表还要即时回填以保护保护层和防水层；在距地下室外800mm范围内填充3：7、2：8灰土紧贴外墙，有利于增加防水效果，增加一道防水屏障。

工艺流程：基坑底地坪上清理→检验土质→分层铺上→分层夯打→碾压密实→检验密实度→修整找平验收。

填土前，应将基底表面上的树根、垃圾等杂物都处理完毕，清除干净。检验回填土的质量：检验有无杂物，检验是否符合规定，以及回填土的含水量是否在控制的范围内。如含水量偏高，可采用翻松、晾晒或均匀掺入干土等措施；如遇回填土含水量偏低，可采用预先洒水润湿等措施。

◆96. 屋面防水工程施工完后，质检验收主要检验哪几方面的内容？

答：根据《屋面工程质量验收规范》 GB 50207-2012 的规定，屋面工程进行分部工程验收时，其质量应符合下列要求（图 8）：

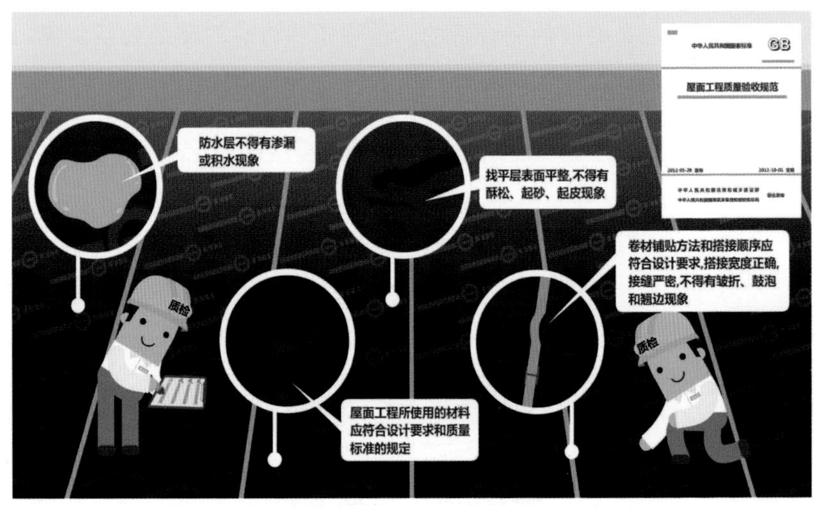

图 8　层面防水工程质检验收要求

（1）防水层不得有渗漏或积水现象。

（2）屋面工程所使用的材料应符合设计要求和质量标准的规定。

（3）找平层表面平整，不得有酥松、起砂、起皮现象。

（4）保温层的厚度、含水率和表观密度应符合设计要求。

（5）天沟、檐沟、泛水和变形缝等构造，应符合设计要求。

（6）卷材铺贴方法和搭接顺序应符合设计要求，搭接宽度正确，接缝严密，不得有皱折、鼓泡和翘边现象。

（7）涂膜防水层的厚度应符合设计要求，涂层无裂纹、皱折、流淌、鼓泡和露胎体现象。

（8）刚性防水层表面应平整、压光，不起砂，不起皮，不开裂。分格缝应平直，位置正确。

(9) 嵌缝密封材料应与两侧基层粘结牢固，密封部位光滑、平直，不得有开裂、鼓泡、下塌现象。

(10) 瓦屋面的基层应平整、牢固，瓦片排列整齐、平直，搭接合理，接缝严密，不得有残缺瓦片。

◆97. 卷材屋面质量检查应该注意哪些问题？

答：卷材屋面的工程质量，应贯穿于施工的全过程，并最终反映在竣工后的各项质量指标上。这些质量指标必须全面达到，不可偏废。卷材屋面竣工后的质量一般应该做到“三不一少”，即不渗漏、不流淌、不开裂，鼓泡少，老化慢，并需注意按以下各项要求进行检查：

(1) 不渗漏。屋面竣工后不得有积水或渗漏现象。检查屋面是否渗漏可在雨后进行，必要时亦可用人工灌水法检查。

(2) 不流淌。卷材屋面竣工后经过第一个夏天，覆面的沥青卷材不应流淌，卷材层与基层之间不得滑动。

(3) 不开裂。卷材屋面竣工后，卷材防水层不应出现开裂。卷材屋面是否开裂，一般在建筑物刚竣工时尚难发现，可在竣工后 2 年～4 年定期进行质量回访和维修中加以检查。

(4) 鼓泡少。卷材防水层铺贴后，宜经过 7 个～10 个高温天（30 ℃以上）再检查是否有鼓泡。检查出的鼓泡应割开放气，及时修补。

◆98. 厨卫间防水工程施工完后，质检验收主要检验哪几方面的内容？

答：《民用建筑设计通则》 GB 50352-2005 中针对厨房、卫生间防水的规定如下：

厨卫间防水施工工艺

厕浴间、厨房等受水或非腐蚀性液体经常浸湿的楼地面应采用防水、防滑类面层，且应低于相邻楼地面，并设排水坡坡向地漏；厕浴间和有防水要求的建筑地面必须设置防水隔离层；楼层结构必须采用现浇混凝土或整块预制混凝土板，混凝土强度等级不应小于C20；楼板四周除门洞外，应做混凝土翻边，其高度不应小于120mm。

经常有水流淌的楼地面应低于相邻楼地面或设门槛等挡水设施，且应有排水措施，其楼地面应采用不吸水、易冲洗、防滑的面层材料，并应设置防水隔离层。

《建筑地面工程施工质量验收规范》GB 50209-2010中针对厨房、卫生间防水的规定如下：

有防水要求的建筑地面工程，铺设前必须对立管、套管和地漏与楼板节点之间进行密封处理，并应进行隐蔽验收；排水坡度应符合设计要求。

99. 地下防水工程施工完后，质检验收主要检验哪几方面的内容？

答：根据《地下防水工程质量验收规范》GB 50208-2011，地下防水工程的观感质量检查应符合下列规定：

(1) 防水混凝土应密实，表面应平整，不得有露筋、蜂窝等缺陷；裂缝宽度不得大于0.2mm，并不得贯通。

(2) 水泥砂浆防水层应密实、平整、粘结牢固，不得有空鼓、裂纹、起砂、麻面等缺陷。

(3) 卷材防水层接缝应粘结牢固、封闭严密，防水层不得有损伤、空鼓、皱折等缺陷。

(4) 涂料防水层应与基层粘结牢固，不得有脱皮、流淌、鼓泡、露胎、皱折等缺陷。

(5) 塑料防水板防水层应铺设牢固、平整，搭接焊缝严密，不得有下垂、绷紧破损现象。

(6) 金属板防水层焊缝不得有裂纹、未熔合、夹渣、焊瘤、咬边、烧穿、弧坑、针状气孔等缺陷。

(7) 变形缝、施工缝、后浇带、穿墙管、埋设件、预留通道接头、桩头、孔口、坑、池等防水构造应符合设计要求。

(8) 锚喷支护、地下连续墙、盾构隧道、沉井、逆筑结构等防水构造应符合设计要求。

(9) 排水系统不淤积、不堵塞，确保排水畅通。

(10) 结构裂缝的注浆效果应符合设计要求。

四、建筑渗漏与维修

◆100. 如何评价建筑物产生的渗漏问题？

答：首先从常识来说，水是无孔不入的。20世纪90年代末期，我们在从事防水材料研究过程中，通过查阅国内外相关专业性资料，了解到国内的建筑渗漏率在50%以上，而美国报道的建筑渗漏率在3%。差距虽然明显，但有一共同点：国内外的建筑都有不同程度的渗漏问题。

再举一例：20世纪70年代，我国江汉平原一带的农村房屋建筑，屋顶防水全部采用打成捆的稻草堆码排放，而在90年代末期，西藏军区某一重要建筑物，为了确保不渗漏，屋顶采用1.2mm厚的钢板焊接为一整体，上述2种防水材料的材性，可以说是天壤之别，但同样都有不渗漏或渗漏。

以上仅从防水材料方面对建筑物产生渗漏进行了探讨，实际上建筑物产生渗漏，是一个概率问题，它涉及多因素的共同作用，其影响因素有设计、构造、材料、施工、地质条件等多方面，也包括后期的维护。所以，为了避免建筑物产生渗漏，我们需做好每一个影响因素方面的工作，将建筑渗漏率降至最低。

图9所示为四川民居屋面采用稻草防水。

图9　四川民居屋面采用稻草防水

◆101. 在建筑物渗漏治理的过程中，应抓住哪两个重要环节?

答：建筑物渗漏的原因是由很多因素引起的，建筑物一旦产生渗漏，治理原则应该是首先查明渗漏的原因，再来治理。

治理过程中应抓住两个重要环节：堵漏与防水。这两个环节同等重要。治理渗漏，肯定是要先止水，也就是把渗漏的水要止住。但一般堵漏的材料，时间长了，难免会与基体有局部的脱离，而水是无孔不入的，所以堵漏完了后，表面再做一道防水层，也同样是很关键的一点（图 10）。

我们见过不少的渗漏治理工程，由于其仅重视了堵漏这个环节，渗漏的水止住后，仅对该部位进行了简单的表面处理，然后，少则 3 个月，多则 1 年～ 2 年，又开始渗漏了。

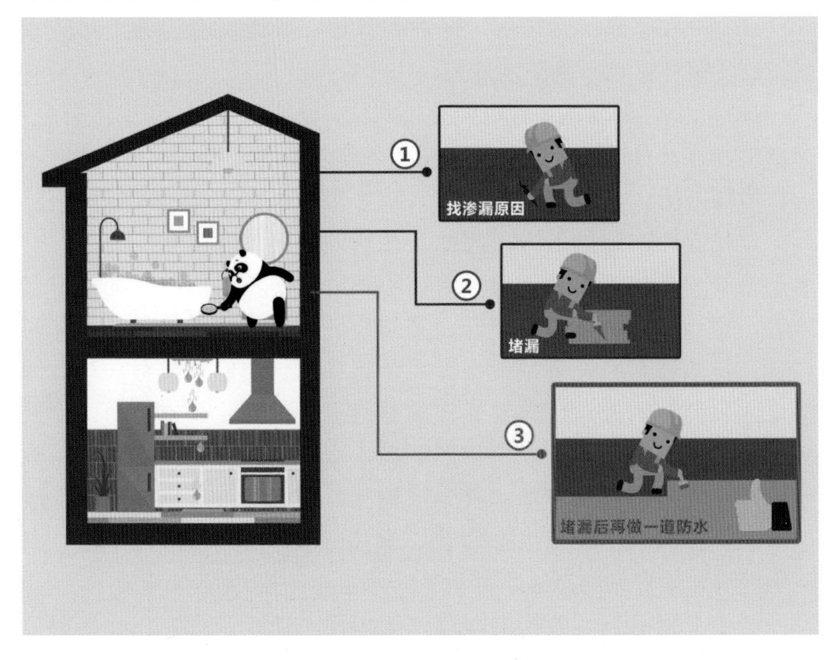

图 10　建筑物渗漏治理

◆102. 屋面常见的渗漏原因及治理办法是什么?

答：渗漏原因分析：

（1）屋面的现浇楼面质量不合格，混凝土构件存在蜂窝、孔洞、露筋等缺陷，钢筋有锈蚀、油污处理不干净、与混凝土粘结不牢固，现浇楼板出现裂缝。

（2）屋面的泛水、女儿墙、落水口、压粘槽等细部处理不到位、不合理，存在质量隐患。

（3）卷材防水层或涂膜防水层施工工序不到位，基层处理不好，粘结不牢，出现空鼓、接槎进水等现象。

（4）防水材料质量不合格，耐风化、老化程度差，使用年限极其短暂。

（5）防水层施工完毕后，保护不到位，下道工序的施工对防水层进行了破坏，达不到防水效果。

（6）出屋面的管道、管根修补不到位，嵌填不密实，或未做护角，个别落水斗设置过高，水从其下面流入墙内或现浇板内。

治理办法：

查找存在渗漏的地方，例如女儿墙的裂缝处、落水斗的根部、压粘槽处、搭接不牢处、卷材封口不严处、防水层的破损处、空鼓处等，找到位置后，对症下药，实施修补。修补有卷材修补、涂膜修补、防水砂浆修补等，根据需要，选择最佳的修补材料。对于现浇楼面裂缝较大处，应先对表面的裂缝进行处理，其方法为：沿裂缝长度方向剔凿2.5cm左右深的凹槽，宽度稍大于缝宽。然后用较好的刚性无机堵漏材料加水拌合成糊状，进行补缝，也可用高强度的水泥，拌成水泥砂浆进行修补。修补前，缝内必须清理干净，先浇水润湿，确保粘结牢固，然后做防水层。

对于个别已进行装饰的屋面，如屋面上铺设了机制瓦、地板砖或修建了花坛等附属设施，无法从上部进行防漏治理时，可采用从室内治理的办法。从室内对裂缝渗漏处进行钻孔，然后用高压注浆机将遇水、遇空气能够膨胀变大结膜的注浆材料如聚氨酯、环氧树脂等注入裂缝渗漏处，即可进行渗漏治理。治理完后，补做一道防水层。

图 11、图 12 为四川某高档住宅小区及其外墙渗漏水现象。

图 11 四川某高档住宅小区

图 12 四川某高档住宅小区的外墙渗漏水

◆103. 为什么阳台屋盖容易渗漏？

答：现不少住宅建筑设有大阳台，一段时间阳台屋盖很容易出现渗漏。究其原因，主要是：

(1) 现浇板浇筑时初凝前未及时收光压实，或气温干燥，失水过早，板面出现细微裂缝。

(2) 四周翻边阴角处产生细微裂缝。

(3) 后期防水施工找坡不正确，存在积水现象；阳台屋面板防水未做到位。

(4) 泛水高度不够，积水无法及时排除，使得水通过砖墙缝隙渗进室内。

治理办法：

优化屋面设计方案，在屋面设计过程中可以通过对设计方案细节的注意来提高抗裂防渗性能，主要就是“加强屋面板配筋，验算温度应力，用钢筋混凝土现浇女儿墙、挑檐沟；檐沟加贴防晒层，加强防水卷材施工管理”。这样设计的主要目的是减小及控制阳台屋面由于温度变化造成的热胀冷缩裂缝的出现。在施工过程中，尤其是现浇屋盖施工时要尽量避免在高温及低温下进行，因为，如果在温度偏高及偏低下进行施工，檐下墙的砂浆会在没有达到龄期、达到一定强度时就受到温度的影响而出现开裂，给外墙渗漏留下隐患。对于已经发生渗漏的阳台屋盖，建议采用聚合物水泥（JS）防水涂膜全屋盖涂刷两遍（干膜厚度不小于 2 mm）。

◆104. 铝门窗、飘窗渗水怎么处理?

答：门窗的性能指标中包括水密性指标，一般而言，满足水密性要求 3 级的门窗，在风压 300 Pa 左右的情况下，门窗不应出现严重渗水现象。对于已使用多年的既有建筑，尤其是经历了多年的日晒雨淋，不少建筑物的铝门窗、飘窗产生雨水渗漏现象。

雨水渗漏一般有 3 个原因：

(1) 密封胶条老化。

(2) 门窗与洞口墙体密封不当或者老化。

(3) 门窗排水槽堵塞或漏设。

首先检查排水孔是否堵塞或漏设，进行疏通。对于前 2 种情况的密封问题，重点检查门窗的密封材料部位，包括窗框的密封胶条和门窗与洞口墙体之间密封状况。

采取以下处理措施：

(1) 将那些老化起壳或者开裂的密封材料去除掉，清理表面，不能有油污和灰尘或其他杂质。

(2) 更换密封胶条或间隙密封胶，对于窗框与墙体的较大间隙采用聚氨酯封堵，并用聚合物水泥（JS）防水涂膜进行封边处理。施工完后，其表面应平整、光滑、顺畅，没有缺口和孔洞。

(3) 对于密封胶条，宜选用氯丁橡胶、三元乙丙橡胶、硅橡胶等，应逐步淘汰目前应用较多的改性聚氯乙烯产品。对于间隙密封胶，可选用硅酮密封胶等性能较好的产品。如图 13 所示。

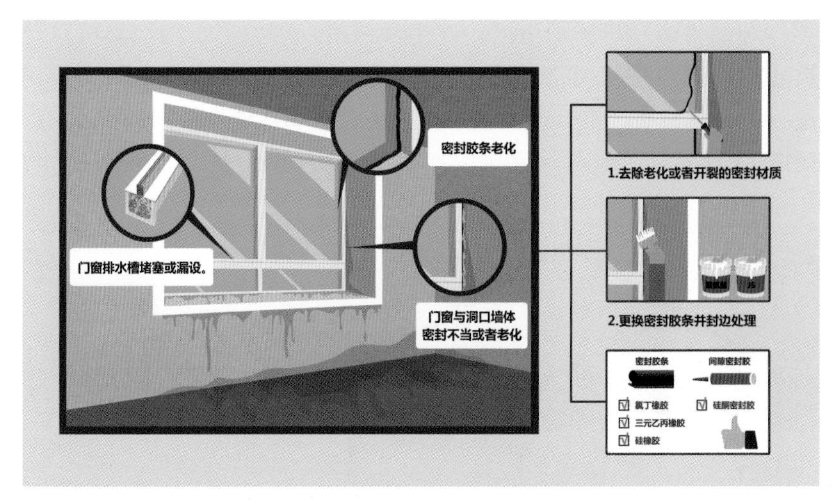

图 13　门窗渗水的原因及处理措施

◆105. 厨卫间常见的渗漏原因及治理办法是什么?

答：渗漏原因分析：

(1) 厨卫间现浇楼面施工质量不合格，蜂窝、麻面、露筋，防水施工前，未进行修补处理。

(2) 在现浇板上打洞后，洞口修补不好，混凝土未捣实，管道根部处未填实或该处未高出卫生间楼面。

(3) 防水材料不合格，或使用方法不当，没有严格按使用说明书的要求进行施工。

(4) 施工工序不合理，减省工序，如未做排水坡度，未对管根、墙根部位做防水附加层，卷材铺贴不牢，涂料防水层未按规定刷够遍数等。

治理办法：

在厨卫间进行装饰之前发现有渗漏时，应及时进行检查，对管根、墙根等薄弱环节进行加固，做好排水坡度，防水施工时严格按规定程序和规范要求进行施工。

对于装饰完毕的厨卫间，发生渗漏时，可先用小型切割机对地板砖的间隔缝进行切割，然后选择市场上合格的填缝剂嵌填密实，待凝结硬化具有一定强度后，在地板砖上涂刷渗透性防水剂（液）。如图 14 所示。

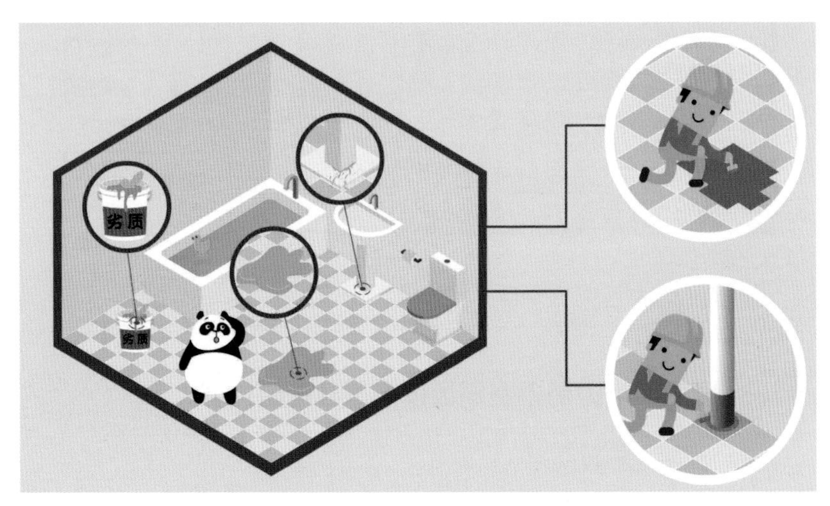

图 14　厨卫间常见渗漏原因及治理办法

◆106. 地下室常见的渗漏原因及治理办法是什么？

答：渗漏原因分析：

(1) 一般的地下室都是由垫层、筏板、砌体（或混凝土框剪墙）组成。若垫层浇筑不均匀，厚薄不一致，或垫层下面的土质承载力不均匀，有些土质较硬，有些土质较软，当上面的建筑物逐加压时，垫层就容易产生裂缝，水压过大时，就会向上渗漏。

(2) 垫层、筏板、砌体（或混凝土框剪墙）的施工质量不合格，混凝土存在蜂窝、麻面、孔洞的缺陷。

(3) 砌体存在砂浆不饱满、强度不符合要求、瞎眼较多等缺陷。

(4) 钢筋、对拉螺栓除锈、去污不到位，安装位置不对，与混凝土收缩不一致。

(5) 防水层施工达不到规范要求，基面清理不到位，粘结不牢固，施工者减省工序；材料质量不合格，各结合层搭接不合理等。

以上几点组合一处，就会造成地下室的渗漏问题。

治理办法：

地下室渗漏的治理办法主要有裂缝直接堵漏法、下线堵漏法、下钉堵漏法和下半圆铁片法。当地下室产生渗漏时，首先应将渗漏处的积水清扫干净。如果渗漏较大，不停地向外渗水而无法清扫干净时，就必须采取堵漏措施，找出地下室底板或墙体的渗水点，在各个渗水点处进行剔凿打孔，孔的大小、深浅应根据出水量的多少决定，剔凿成型后，用较好的刚性无机堵漏材料加水拌合成糊状，进行封堵，或者用高压注浆机将遇水、遇空气能够膨胀变大结膜的注浆材料如聚氨酯、环氧树脂等注入裂缝渗漏处堵漏。堵漏成功后，可根据需要，严格按规范要求和施工程序铺设卷材防水层、涂刷涂膜防水层或使用抗渗砂浆防水层，做好防水后在一段时间内不出现渗漏，方可在防水层上做好保护层，确保一劳永逸。

图 15 所示为四川某高档住宅小区的地下室渗漏水。

图 15　四川某高档住宅小区的地下室渗漏水

◆107. 为什么现代建筑外墙需要做防水?

答：建筑外墙是否需要做防水，取决于外墙材料抵抗水压渗透的能力。比如对于钢筋混凝土墙体，以及水泥砂浆抹灰的实心砖墙，一般不存在渗水的问题。随着新型建材的使用，很多现代建筑为具有多孔结构的轻质墙体，一旦雨水进入墙体，会很快流入室内侧，所以现代建筑外墙需要进行防水处理。另外，采用吸水率较大的外保温材料（如岩棉）的外墙体，一旦外墙渗漏水，保温作用会降低甚至失效，此时应采用抗渗能力较强的面层材料，提高外墙抗渗能力。

在讨论外墙需要做防水的同时，也要考虑到外墙需要透气，若外墙采取严密的防水层，也会同时产生隔汽作用。在冬季，室内的水蒸气分压力大于室外，室内水汽进入墙体内，蒸气分压力无处释放，会带来墙体内部结露、发霉的问题。其危害有时甚至高于外墙渗水。

理想的措施是，外墙面层具有一定的抗渗能力，同时可以让水汽逸出。采用聚合物水泥防水砂浆、聚合物水泥防水涂料、聚合物乳液建筑防水涂料等进行外墙防水处理，可兼顾外墙的防水与透气（图 16）。

图 16　现代建筑外墙防水

【参考文献】

[1] 中华人民共和国建设工程质量管理条例：国务院令279号.2000.

[2] 山西建筑工程（集团）总公司，浙江省长城建设集团股份有限公司．屋面工程技术规范：GB 50345-2012. 北京：中国建筑工业出版社，2012.

[3] 山西建筑工程（集团）总公司．屋面工程技术规范：GB 50345-2004. 北京：中国建筑工业出版社，2018.

[4] 总参工程兵科研三所．地下工程防水技术规范：GB 50108-2008. 北京：中国计划出版社，2009.

[5] 中冶建筑研究总院有限公司．压型金属板工程应用技术规范：GB 50896-2013. 北京：中国计划出版社，2014.

[6] 中国建筑防水协会，中国江苏国际经济技术合作集团有限公司．单层防水卷材屋面工程技术规程：JGJ/T 316-2013. 北京：中国建筑工业出版社，2014.

[7] 中达建设集团股份有限公司，广东金辉华集团有限公司．倒置式屋面工程技术规范：JGJ 230-2010. 北京：中国建筑工业出版社，2011.

[8] 中国建筑防水协会，天津天一建设集团有限公司．种植屋面工程技术规范：JGJ 155-2013. 北京：中国建筑工业出版社，2013.

[9] 中国建筑标准设计研究院，北京韩建集团有限公司．住宅室内防水工程技术规范：JGJ 298-2013. 北京：中国建筑工业出版社，2013.

[10] 中国建筑科学研究院，远方建设集团股份有限公司．建筑外墙防水工程技术规程：JGJ/T 235-2011. 北京：中国建筑工业出版社，2011.

［11］ 地下防水工程质量验收规范：GB 50208-2011. 北京：中国建筑工业出版社，2011.

［12］ 中国建筑科学研究院． 普通混凝土用砂、石质量及检验方法标准：JGJ 52-2006. 北京：中国建筑工业出版社，2007.

［13］ 中国建筑科学研究院． 混凝土外加剂应用技术规范：GB 50119-2013. 北京：中国建筑工业出版社，2014.

［14］ 中国建材检验认证集团苏州有限公司，等． 预铺防水卷材：GB/T 23457-2017. 北京：中国标准出版社，2017.

［15］ 中国建材检验认证集团苏州有限公司，等． 湿铺防水卷材：CB/T 35467-2017. 北京：中国标准出版社，2018.

［16］ 北京博克建筑化学材料有限公司，国家建筑材料测试中心． 钠基膨润土防水毯：JG/T 193-2006.

［17］ 建设部． 民用建筑设计通则：GB 50352-2005. 北京：中国建筑工业出版社，2005.

［18］ 江苏省建筑工程集团有限公司，江苏省华建建设股份有限公司． 建筑地面工程施工质量验收规范：GB 50209-2010. 北京：中国计划出版社，2010.

［19］ 中国建筑标准设计研究院． 地下建筑防水构造：10J301. 北京：中国计划出版社，2011.

［20］ 山西建筑工程（集团）总公司，上海市第二建筑有限公司． 屋面工程质量验收规范：GB 50207-2012. 北京：中国建筑工业出版社，2012.

［21］ 建筑施工问答丛书·防水工程． 北京：中国建筑工业出版社，1983.